HEALTHY FUTURE

腸保健康
好 胃 來

台灣消化權威林肇堂教授，許你一個順暢人生！

消化系醫學會榮譽理事長
台大醫學院名譽教授
義大醫院學術副院長

林肇堂 著
醫學博士

〰〰〰 堡壘文化　醫藥新聞週刊　Mnews
財團法人王德宏教授消化醫學基金會

目錄 / CONTENTS

目錄 / CONTENTS

Part 3
認識消化道檢查治療利器──內視鏡與其術式 ········ 187

推薦序

胃腸醫學的科普好書

行政院院長、中央研究院院士 陳建仁教授

　　很高興與我合作將近三十年的研究夥伴，國際知名的林肇堂教授，即將把他在消化醫學領域35年的臨床經驗，撰寫成一本深入淺出、內容豐富的科普新書，分享給所有健康照護者及普羅大眾。這是林教授數十年的知識與經驗的積累與整編，更是不同類型讀者皆可各取所需、顧好腸胃的好「福音」！

　　林肇堂教授與我在1991年初次相識。當時，他剛從美國國家衛生研究院完成進修，返回台大醫學院復職。他親自到我的辦公室，邀請我和他合作進行幽門螺旋桿菌及胃癌的流行病學研究。我們隨即展開第一次合作，使用在台灣各鄉鎮進行流行病學調查所收集的血清樣本，完成一系列幽門螺旋桿菌及胃癌的流行病學研究。這些研究成果陸續在國際學術期刊發表，奠定了台灣幽門螺旋桿菌及胃癌流行病學研究的基礎。

　　林教授與我又到馬祖進行胃癌的流行病學研究，並用內視鏡篩檢胃癌。歷經15年的努力，我們不但在馬祖根除了幽門螺旋桿菌，也免除當地居民罹患胃癌的風險。這項卓越成就，讓「馬祖經驗」躍升為世界防治胃癌的標竿！2019年，全球研究幽門螺旋桿菌及胃癌的專家學者在台灣聚會，提出「2020台北共識」，也就是根除幽門螺旋桿菌可以預防胃癌的共識。

　　當年邀請我們到馬祖防治胃癌的衛生局長劉增應醫師，後來成為我在台大公共衛生研究所的碩士班學生，並且從2014年起，連續獲選

兩任馬祖縣長。我與林教授也共同指導了吳明賢醫師及吳俊穎醫師。這兩位優秀的消化系專科醫師，一位是台大醫院院長，另一位是陽明交通大學醫學院副院長，都是台灣醫界的翹楚，他們在林教授這本新書當中，都發表了重量級的專論。

林教授是台灣大學的名譽教授，曾經擔任過台灣消化醫學會理事長、台灣消化內視鏡醫學會理事長，帶領台灣消化醫學界成為消化醫學國際組織最重要的成員。他也曾擔任義守大學醫學院院長、輔仁大學醫學院院長，培育無數醫界英才。林教授的學生門徒眾多，很多都是在教學、研究、服務三方面樣樣精通的名醫良醫。林教授這本新書當中，都有這些傑出醫師的病例分享及專業文章。

這本書除了分享許多常見的胃腸疾病案例，介紹許多常見胃腸疾病的用藥，還說明先進的診斷與治療消化內視鏡的使用，以及常見消化癌症的預防保健新觀念。本書還囊括了腸道菌、人工智慧、尖端手術與營養學等科技新知，探討胃腸醫學的未來新境界，可以說是綜整消化醫學的「胃腸學小百科」。

更難能可貴的，本書中看似不容易讀懂的專論，由於文字淺顯易懂，醫學知識被化繁為簡，再加上精美傳神的手繪插圖、靈活生動的排版編輯，讓本書成了「老嫗皆解」的科普好書。我鄭重推薦此書給一般民眾、健康照護人員及專業醫師，作為個人健康管理、家庭預防保健、專業醫學教育的最佳參考書。

林肇堂醫學博士與陳建仁院士於台大醫院國際胃癌預防治療共識暨世界保胃日（◎林肇堂）

推薦序

「胃」所當為，「腸」保安康

臺灣大學醫學院內科教授、台大醫院院長 吳明賢醫師

2020年注定是改變人類歷史的一年，有人說新冠肺炎帶來的疫情是個大浪淘沙的過程，對所有人的體質、閱歷、認知、人性、勇氣、思想、道德、靈魂、理想、價值觀等都是場篩選。疫情像面照妖鏡，面對一樣的災難，有人陽光向上，勇往直前，化危機為轉機；亦有人怨天尤人，甚至仇恨一切。疫情也讓大家更體認到健康的重要，「快樂與痛苦、富有和貧窮之間只一場病的距離。」身體好比什麼都珍貴，心情好比什麼都重要，身體無病心理無事，身心俱泰就是幸福！所以2020年也可以說是人類的健康元年。

問題是，健康沒有快車，只有日積月累。所謂「三分治七分養」，「年輕時人找病，年紀大了病找人」，不及時養生，將來勢必養醫生。很多人必須等到身體生病了，才領悟到健康的重要性，一旦恢復了，又「好了傷疤忘了疼」，不從根本做起，照樣胡吃海喝。殊不知世上買不到的就是後悔藥，醫生只能幫你恢復健康，沒辦法幫人促進健康。新冠肺炎的疫情終會平緩，在與病毒共存的後疫情時代下，每個人都要提升自己的健康識能，為自己的健康負責。因此，未來的醫學會由「疾病的醫學」改成「健康的醫學」，從被動治病到主動防病，強調預測（Predictive）、預防（Preventive）、精準（Precise）、個人賦權（Participatory），這4P醫學的精華即在每個人的積極參與。

呵護身體、養身養心的原則不外合理膳食、適量運動、戒菸限

酒、心理平衡等老生常談。其中腸胃健康關乎全身健康,特別是近年來的研究不約而同指出,比人類細胞數目多十倍的腸道菌與身體的代謝、免疫作用息息相關,甚至可以透過腸－腦軸影響全身性疾病的發生。疾病的發生是先天不足、後天失調,先天指的是父母親給我們的遺傳染色體或基因體,後天則是飲食、運動、睡眠等生活習慣影響腸道菌。所以,想顧好健康必須從胃腸做起,避免病從口入。

這本林肇堂教授主編的《腸保健康好胃來》,不僅有消化道功能結構、症狀、病徵的簡介與常見消化道疾病診治的詳述,更包括保健之道、腸道菌、現代科技的應用,以及未來醫學的新境界與視野。每個章節均由頂尖專家執筆,集學術性、權威性和可讀性於一體,是登峰造極之作。「人的影響短暫而微弱,書的影響廣泛而深遠」,書是唯一不死的東西,本人很樂意推薦給所有想「胃所當為,腸保安康」的一般大眾,當然也適合給相關醫療從業人員作為參考書,以提昇腸胃病人的照護品質。

推薦序

消化醫學不難懂，名醫獻冊胃腸通

義大醫院院長、義大醫療決策委員會主任委員 杜元坤醫師

　　你有食不下嚥的困擾嗎？你常抽菸、嚼檳榔、酗酒嗎？會不會一喝就成了「紅臉族」呢？如果以上毛病你有其一，請務必翻閱這本書有關食道癌的案例，聽聽教授級醫生娓娓細訴食不下嚥可能的成因、發展及盡早發現的診療方法。至於戒斷菸、酒及檳榔的必要性，故事中的病例定能讓有諸多上癮者得到啟發。因為台灣喝酒「紅臉族」的基因比例高過歐美人士許多，而這這個族群是食道癌的高危險族群，實不宜貪杯，必須立刻跟酒精 「NO」！遠離拚酒的豪邁，才能永保安康。義大醫院目前正全力推動「台灣無酒日、全球無酒日」的活動，積極把酒精衛教與食道癌的防治法與大家分享，而你只要透過本書這個專題深入淺出的導讀，服下良醫獻出的「上藥」，一定能讓你知其然又知其所以然，正所謂「千金難買早知道」，幸運如你，豈能輕易錯過它！這本書的作者林肇堂教授正是以上述這種淺顯易懂的方式來介紹食道癌這個嚴肅的課題，確實令人耳目一新！

　　我在2009年認識林教授，當時他從台大借調到義守大學擔任醫學院院長，並兼任義大醫院的研究副院長。當時，義大醫院雖然已經可提供不錯的醫療服務，但教學及研究體系仍處於草創階段。有了林教授的加入，醫學院學生及醫院醫護、醫事人員的教學活動更蓬勃發展；醫院倫理委員會的建立、研究計劃的執行、核心實驗室的開辦等業務也陸續啟動，讓義大醫院很快通過教學醫院評鑑，成為南台灣居民憑靠的準醫學中心、重症醫療醫院。

　　由於林教授有豐富的教學經驗及卓越研究能力，因此在他完成借調義大任務、返回台大述職後，隨即被延攬到輔大擔任醫學院院長，並於2017年協助創建了輔大醫院。之後，又被中國醫藥大學附設醫院邀請擔任消化醫學中心院長。2022年，我們再度積極爭取林教授在十年後，返回義大醫院擔任學術副院長、兼任醫療決策委員會副主任委員，敦請他全力推動學術研究，促使義大醫院的研究能落地生根，延續人才的培育，擴大國際合作研究。

　　在累積了35年的臨床診療經驗下，曾經參加過「林肇堂教授消化病例討論會」的醫師、醫學生遍及全台各地的醫院。包括台大醫院、國泰醫院、新光醫院、耕莘醫院、台中中國附醫、台中澄清醫院、沙鹿童綜合醫院、嘉義基督教醫院、高雄阮綜合醫院、高雄義大醫院等。受教學生們對林教授擅長的各種疑難雜症的臨床推理與影像分析非常欽佩讚賞，他是極受好評的消化醫學界名師。這次林教授撰寫的這本新書，除了他本人外，還有他許多的傑出的學生，包括吳明賢教授、吳俊穎教授、邱瀚模教授等名醫或熱心分享他們的私房病例，或盛情撰寫精闢的專業文稿來豐富這本新書，真是消化醫學界數十年來難能可貴的盛事！

　　本書活潑的編排方式、淺顯易懂的文字、生動的圖案插畫等皆深具巧思，能讓讀者一窺消化醫學的奧妙和自身的關係，是以病人的視角探索胃腸疾病的成因，及如何自我發現與預防的好書。坊間鮮少能有如此精美又實用的科普力作，值得專業醫師與普羅大眾珍藏備用，故我誠摯大力推薦。

作者序
緣起：從讀者、譯者到作者

　　1971年，我進入台大醫學系就讀，到了大學三年級的基礎醫學課程時，鋪天蓋地而來的醫學名詞都是用拉丁文命名，所有的教科書全是英文，市面上幾乎找不到一本翻譯為中文的醫學教科書。我們一方面要背誦解剖學上的每一個骨頭、肌肉、器官的拉丁名詞，另一方面又要熟讀全英文的教科書，真是苦不堪言。那時候我不禁想：為什麼台灣的醫師或老師不能或不願意翻譯英文的醫學教科書，或是自己來撰寫中文的醫學教科書呢？但是隨著考試結束，記得住的東西就記住了，記不住的全忘光了。

　　1979年，我進入台大醫院內科部擔任住院醫師。好友外科張北葉醫師突然來找我，希望我跟他一起合作翻譯《麻醉學手冊》。這本書的翻譯稿酬還不錯，對於我們這些苦哈哈的住院醫師是個不錯的外快。雖然我們兩人將來都不會成為麻醉科醫師，但還是硬著頭皮接下了文字翻譯的工作。1981年出版的《麻醉學手冊》賣得好不好？其實不記得了。但在翻譯的過程中，包括解剖學名詞、藥物名稱，手術、麻醉等專有名詞都讓我們吃了很多的苦頭，但學到的東西勝過翻譯的酬勞，開始讓我覺得自己可以做一些有意義的工作。

　　擔任台大內科的住院醫師，可以接觸到許多博學多聞的內科大教授，我鼓起勇氣找到謝維銓教授，請他指導我翻譯《傳染病學》。事實上，以現在的觀點來看，這本書應該翻譯為「感染症」，而不是「傳染病學」。所以可知，我們在80年代的翻譯文字並沒有達到「信、達、雅」的境界。1984年，我請王德宏教授指導我翻譯《實

用腸胃學》，在翻譯這本書的過程中，我才真正了解了國外消化醫學教科書裡的真諦，也再次領悟將醫療專業原文轉化為正確中文的重要性。

● 初心：致力於醫學專書出版

1982年我首次到日本，看到日本人在擁擠不堪的地鐵上，人手一本書籍或是雜誌，默默地替他們的腦袋充電。參加日本的醫學會時，最熱絡的是各種醫學書籍及雜誌的攤位，有著一本本琳瑯滿目、排版美觀、內容精彩的醫學書籍。當時我的夢想是期待台灣的出版社能夠像日本出版社一樣，出版這樣的醫學專書。

1990年初，我將自己在台大醫院的腸胃科經歷的各種病例整理成《消化系醫學──影像判讀與病例分析：胃腸篇》、《消化系醫學──影像判讀與病例分析：肝膽胰篇》。同年年底，我赴美國進修。回國以後，我積極從事有關於幽門螺旋桿菌及胃腸疾病的研究，也發現這隻細菌跟消化性潰瘍、胃癌的密切關係。這個題目與台灣民眾息息相關，於是我在1995年為健康世界出版社寫下了《胃腸疾病與幽門螺旋桿菌》，2000年發行了第二版。

之後，我於2004年編寫《消化醫學──病例解析》，於2014年編寫《消化內視鏡新進展》，於2016年再度編寫了《消化疾病之臨床推理與決策》。然而，即便專業書籍不停出版更新，仍遇到因閱讀習慣改變，台灣醫師甚少購買專業醫學書籍的狀況。

● 傳承：醫學知識普及走向民眾

1996年，「王德宏教授消化醫學基金會」成立，這個基金會熱心

於消化醫學及民眾健康教育，因此自1997年起，我就主導出版了許多消化醫學科普書籍。25年間共出版了《胃何不輪轉？》、《胃何不舒服？》、《胃何不下嚥？》、《好膽嘜走》、《心曠神胰》、《腸治久安》、《食全食美》、《消化大補帖》、《消化問題大解惑》、《Say No to 大腸癌》、《關注胰臟健康－莫遲胰》等20多本民眾教育的科普書籍。

　　台灣有消化道問題的人口居高不下，隨著環境改變與科技發達，民眾也習慣上網尋找免費的知識，但是卻無法辨別正確性，有時候反而加重了病情。在求診時，民眾有時難以說明清楚症狀，或是醫師在說明病情時，因為艱澀的資訊而感到心慌不已。因此，即使面對這些出版危機，我還是決定要規劃一本可以讓民眾、醫師及醫事人員都可以看得懂、有實用性的書籍，並且提供最新、最正確的消化醫學訊息。

　　於是，我們屏棄了傳統醫學書籍說教的方法，改成以故事的方式來介紹專家學者一線遇到的活生生病例。本書剔除了艱深的醫學名詞，改為平易近人的文字，加上生動的示意圖與精簡的圖表來說明，以強化讀者對於疾病的認知。內文還包含消化疾病最常用的治療藥物處方，讓讀者一目瞭然。最後更增加了防癌保健、人工智慧、腸道微菌叢等消化醫學最新的進展，整本書變得更易懂、更具　發性。

　　這三十多年來，我編寫了至少三十多本的消化醫學書籍，面臨出版蕭條也曾失敗、喪志、灰心，但是沒有澆熄我們從事消化醫學教育工作的熱忱，希望能夠持續帶給台灣民眾最正確的衛教知識，讓大家「腸保健康好胃來」！

Part 1

食物的不思議旅程：
消化道系統在哪裡？

消化道系統在哪裡？

　　古希臘羅馬時代的一位醫師蓋倫（Claudius Galenus）相當熱衷於解剖學，受限當時的律法嚴格禁止對人體進行解剖，所以蓋倫改為解剖豬或是其他動物。即便如此，他的著作中對於人體器官的描述卻奠定了系統性的科學理解基礎地位，並且有實務根據。

　　對於消化系統的構造位置與功能，蓋倫已經有接近現代醫學認知的描述，例如食道是身體的一部分，僅僅是將食物輸送到胃部的通道，負責將先前在口腔中磨碎的食物輸送到胃部。而胃部與腸道有許多層壁結構，為了牽引或是蠕動的目的，分別發展成縱向或橫向纖維，確保人體各個部位精密功能的配合運作。

　　從現代醫學的觀點來看，消化系統從口腔啟程就是一段食物的旅程，在身體中經歷許多不思議的過程。消化系統由胃腸道、肝臟、胰臟以及膽囊所組成。胃腸道則是一系列從口腔到肛門相互連接的中空器官，按照連接的順序：口腔、食道、胃、小腸、大腸與肛門。

　　消化系統可以將食物轉化為生存所需的營養和能量，而身體需要從進食以及飲入的液體中獲取營養，以保持健康與身體功能正常運作。營養素包括碳水化合物、蛋白質、脂肪、維生素、礦物質和水。消化系統會分解並從消耗的食物及液體中吸收營養，以利用於身體能

量、生長與細胞修復等。

認識口腔、食道與腸胃道

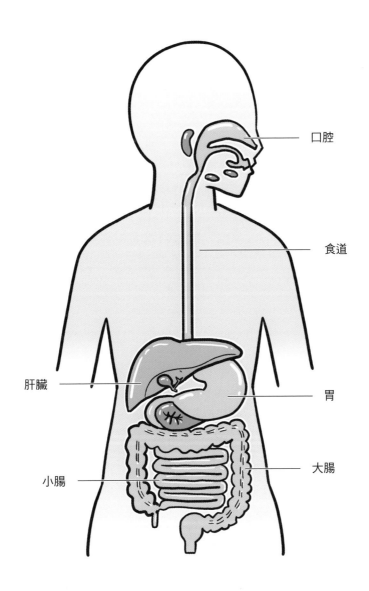

口腔

食道

肝臟

胃

小腸

大腸

口腔

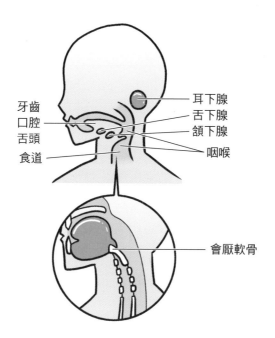

牙齒
口腔
舌頭
食道

耳下腺
舌下腺
頜下腺
咽喉

會厭軟骨

　　口腔是消化道的起始點，裡頭有**舌頭**與**牙齒**的角色參與，接著是上面的**咽**、下面的**喉**。咽與喉的分界線前側是**聲門**、後側是**食道**。在上咽處有**會厭軟骨**，吞嚥東西的時候會將聲門蓋住，讓食物滑向後側，否則「誤入歧途」滑入前側聲帶，下方就是氣管，就容易嗆到。所以古諺說「寢不言、食不語」，進食的時候嘴巴閉起來別忙著說話，其實就是怕嗆到，咳嗽不止。

　　吞咽功能是身體最重要的進食過程。民以食為天，如果一個人連吞嚥都有困難，那麼就會出現營養問題，甚至死亡。參與咀嚼功能的是牙齒和舌頭：牙齒切斷食物、研磨並咀嚼，是消化系統中重要的一

部分，如果拔牙或做其他治療，只能喝東西、吃流質食物，其實很痛苦；舌頭有四種味覺，鹹、甜、酸、苦，在舌頭上的分布位置不同，咀嚼的時候舌頭會捲動、潤滑而後吞下。若味覺神經被阻斷，例如因為中風、有腫瘤或者手術後失去舌頭的一部分，進食將會索然無味，人生疲乏。在新冠肺炎疫情剛開始時常見的重要症狀之一就是喪失味覺，也因此令許多人十分痛苦。

● 澱粉分解者

　　口腔內還有消化系統的重要器官唾液腺，共有三組：**頷下腺、耳下腺與舌下腺**。三個腺體將唾液混合在口腔內，唾液中的酶是很重要的消化酵素，而口腔裡最主要的角色就是澱粉酶，負責分解食物中的澱粉。譬如吃飯、吃麵或吃糖，到了口腔時靠牙齒切碎米粒，而舌頭攪拌以及唾液大量分泌，這時會產生甜甜的感覺，這是因為唾液中的澱粉酶把複雜的多醣類分解成單醣，像是葡萄糖，所以會有甜感。

　　唾液除了分泌澱粉酶之外，還有許多水分，所以有潤滑的功能，能夠幫助吞嚥。如果一個人晚間睡覺的時候張著嘴，隔天醒來會覺得口乾舌燥，這是因為沒有唾液滋潤；或是罹患鼻咽癌等其他癌症的患者，唾液腺經過放射線治療受損，也沒有人工唾液可以補充，就會覺得口腔乾燥無比。其中，有管腺稱為外分泌，如唾液；無管腺稱為內分泌，如胰島素、升糖激素與各種荷爾蒙。人體藉由內外分泌，幫助各個臟器運作功能正常化。

食道

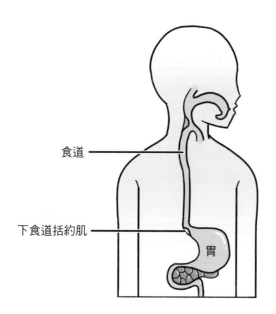

食道 ——————

下食道括約肌 ——————

胃

　　繼續從口腔、咽喉往身體下行，就到了食道。食道長度約為24至25公分，分成三個部分：上三分之一是**上食道**、中段三分之一是**中食道**，下端三分之一是**下食道**。食道在身體中與其他臟器相較算是構造簡單的器官，如同醫師蓋倫的描述，這個器官擁有薄薄壁層的一條管道、通道，中間沒有腺體，可將之以想像為一條隧道，連接到胃，而之後的器官則都有腺體存在。特別的是，食道在組織學上有個特色，就是沒有最外層的漿膜層，這會造成癌細胞比較容易從此處轉移到身體其他部位。

食道上、下段各有一個括約肌，稱為**上食道括約肌**與**下食道括約肌**，功能是管制食物進出的柵門，鬆開或緊縮讓食物通過。食道壁上的黏膜層細胞是鱗狀上皮細胞，又稱作類上皮細胞，結構上看起來就像皮膚、一片一片地也像鱗片。到了下段三分之一處與胃銜接的地方，有時會被腺體的上皮細胞取代。所以發生在食道末段的腫瘤有可能是鱗狀上皮癌也可能是腺癌，中段可能是鱗狀上皮癌、而上段的腫瘤也可能是鱗狀上皮癌。癌症原因不同，或是在組織學上有所區隔，則治療方法就完全不同。

●食物通道會遇到的阻礙

東方人的食道癌大部分長在上、中三分之一，大部分是鱗狀上皮細胞癌；西方人長在下三分之一，而且是巴雷氏食道（Barrett's esophagus）長出的腺癌。提到食道癌，就不能不提到檳榔引起的問題。口腔癌、喉癌、食道癌，這三種癌症的發生與菸、酒、檳榔脫不了關係。口腔癌與吃檳榔最有關，食道癌與喝酒相關，喉癌更是癮君子長年夢魘。可是台灣人抽菸、喝酒又嚼檳榔，三樣嗜好全來的比例很高，所以罹癌人數仍居高不下。

因為食道是食物進出胃部的通道，若是管壁肌肉發炎變硬，吞嚥就會變得困難，可以把這個情況想像成不太能捲動的鉛管。在一般進食、飲水的情況下，固體物質從口腔到胃部大約需要6至7秒，液體則需要約0.5至1.5秒。胃部要排空讓食糰進入小腸大約需要兩個小時，而食糜從小腸進入大腸裡一部分的結腸大約需要12至50小時。排出糞便的時間因人而異，若是進食多天卻未排便，那就需要就診請醫師診斷了。

診間病人大哉問

一位中年男性出現了吞不下食物的問題。起初覺得沒什麼要緊、不以為意，但情況過了大半個月後越來越嚴重，連平常小酌時最愛的下酒菜三杯雞都難以下嚥。在經過家人苦口婆心的勸說下才肯來就醫。

病人：醫師，我最近都吃不下。

醫師：請問你是吞不下去？還是吃不下、不想吃？多久了呢？

病人：我覺得喉嚨下去到肚子這裡**卡卡**的。吃硬的東西會卡在喉嚨，剛開始吃軟的東西還可以，但後來連軟的東西都不行了。

醫師：你有吃檳榔或喝酒嗎？

病人：都有耶。

醫生解答小教室

食道癌患者最重要的徵兆就是吞嚥困難，病情的進展從吃硬的、軟的、半流質食物、流質食物，甚至到後來連吞口水都有困難。病人家屬多半會提及患者有吃檳榔、喝酒的習慣。若是患者在家中連吞個口水都會被嗆到，那就表示癌細胞讓食道變狹窄、管壁變硬，食物下不去到胃中，漸漸就會出現吃東西「卡住了」的感覺。

吞嚥困難還有一種比較特別的情況，就是**食道弛緩不能**（Achalasia）。這個問題不在食道本身，而是末端連接到胃部的下食道括約肌。這個平滑肌靠神經控制，當神經傳導通知將括約肌打開，食糰便能夠下降。如果神經傳導出現狀況，那麼即使

管道沒有問題，食糰仍會卡住，不管怎麼高喊「芝麻開門」都沒有用。最近醫生們在門診中發現這樣的病人越來越多，甚至聽說在中國一年內有上萬人因此需要動手術將食道括約肌切開。

透過傳統手術解決是比較舊的治療方法，開刀之後常有胃食道逆流的問題，因為大門一直是打開的狀態，下方的胃所分泌胃酸時容易湧上食道。

較新的治療方法是，藉由內視鏡為肌肉注射肉毒桿菌素，因為肉毒桿菌本身是破傷風梭菌，會讓神經麻痺，因此肌肉自然會放鬆。不過這有一定的藥效時間（約半年），若是藥效過了會需要再補一針。而現在最新的治療方式則是採用經口**內視鏡食道肌肉切開手術**（POEM），可以得到很好的療效。

另一種情況恰好相反，是**食道括約肌太鬆**。這種情況經常發生在做過縮胃手術的病人身上，胃部因為進行過胃做袖狀切除只剩下三分之一。進行這種手術的患者通常是病態性肥胖，藉此減少進食量。但是病人在術後多半會有嚴重的胃食道逆流情況，因為削切胃的時候會削去部分括約肌，導致食道末端與胃部接合處閉鎖不全而鬆開了。這種狀況的治療方式就是再次動手術縫起來，將開口縮小。

診間病人大哉問

一位體型瘦高的上班族男性面有菜色的走進診間，一開口就說自己「食不下嚥」，而且咬一咬還吐出來，跟他養的貓吐毛球時一模一樣。

病人：醫師，我吃東西吞不下去，常常吐出來。

醫師：吐出來的東西長什麼樣子？

病人：好像都沒有消化，看起來算完整耶。

醫師：喉嚨有酸酸的感覺嗎？還是會苦苦的？

病人：不酸也不苦，食物就是咬一咬就吐出來了。

醫生解答小教室

　　病人將食物吐出的情況可以告訴我們幾個訊息，包括阻塞位置發生在何處。如果吐出來的食物像是剛吃下去的原型，只有被咀嚼過，那麼表示阻塞部位可能就在食道；若吐出來有一點點被消化過的痕跡，還帶有一種酸酸的感覺，表示食物已經和胃酸進行翻攪，那麼阻塞部位可能在胃部靠近十二指腸的地方；若還帶點苦味，那就是十二指腸之後的腸道部位，因為膽汁、胰液讓嘔吐物有苦苦的味道，甚至有時還可能連綠綠黃黃的膽汁都被吐了出來。

＼ 吞嚥動作小知識 ／

　　吞東西的時候在上咽處的會厭軟骨會蓋起來，整個過程涉及三個層面：中樞神經、神經與肌肉接點、肌肉。

　　一：**完整的中樞神經。**雖然要喝一杯水可以由自己決定，但是要完成吞嚥動作需要肌肉協作。如果因為中風等問題導致神經斷

線、麻痺了，便無法發出指令控制肌肉，因為神經要傳導至所有跟咀嚼有關的肌肉群，包括喉嚨、口腔，所以有些中風患者沒有辦法吞嚥。

二：神經與肌肉接點。神經要如何將訊號傳給肌肉呢？答案是透過乙醯膽鹼，這是一種神經傳導介質。從中樞神經下令「我們開始吞嚥吧」，藉由神經傳遞訊息到肌肉，接著嘴巴張開、咬合、吞下，中間若神經傳導中斷就無法完成動作。好比重肌無力的病人，神經傳導至肌肉的訊號太少，所以早上起來眼皮睜不開。因此病患需要藉由藥物補充神經傳導介質，服用之後，眼皮便睜得開了。

三：肌肉。這是吞嚥動作的執行第一線，若是患病則會影響巨大。譬如硬皮症（Scleroderma），這是一種肌肉慢性發炎與自體免疫疾病，包括食道、身上的平滑肌與骨骼肌都因發炎變得又硬又厚，抗體會攻擊肌肉，造成收縮不好，導致肌肉處在無效收縮狀態。食道肌肉原本一節接著一節進行有效率的蠕動，但疾病讓肌肉只有顫動。若發炎的情況嚴重又發生在心臟肌肉，會讓心臟無法有效收縮跳動，進而死亡。

胃部

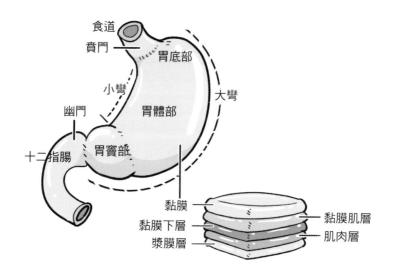

食道
賁門
胃底部
小彎
大彎
幽門
胃體部
十二指腸
胃竇部
黏膜
黏膜下層
漿膜層
黏膜肌層
肌肉層

　　胃部是個英文字母「J字型」的袋狀臟器，與食道的機械性反應不同，在胃內同時有機械性與化學性的作用發生，在消化過程裡的功能像是一個處理槽。以機械性來說，食物進入像葫蘆、袋子的胃部之後，胃部會開始攪動摩娑，也會分泌胃液將蛋白質分解。

　　從構造上來看，胃可分成三部分，分別為：**底部、體部**及**竇部**。最上端與食道連接的賁門就是**下食道括約肌**，也是胃酸最少的地方。向下進入胃部之後，中央就是**胃體**。持續走到轉彎的地方有個**彎道**，像是日本的瀨戶內海，內部叫**小彎**，外部叫**大彎**，許多胃癌長在此處。接著準備進入由括約肌控制的**幽門**，這裡是胃及十二指腸連接的地方，也是胃癌好發處，所以俗語才說：「轉彎處是最危險的地方」。

顯微鏡下，胃壁共有五層，由內而外分別是：**黏膜層、黏膜肌層、黏膜下層、肌肉層與漿膜層**，層次之多，勝過腸道。消化道肌肉為**內層環走肌、外層縱走肌**。縱走肌在食糰行進方向的前方放鬆，以容納食糰。環走肌在食糰行進方向的後方收縮，以推進食糰；在胃部環走肌內還有一層斜走肌，能幫助攪拌食糰。中層環走肌最厚，尤其在幽門處明顯增加，形成幽門括約肌，可以控制胃部的內容物不至於過快進入十二指腸，並且防止逆流。小腸及大腸都只有一層肌肉壁。所以如果要發生胃穿孔，其實還真的不是一件容易的事，因為得要穿過五層胃壁。

● 胃的蠕動與攪動

人體內存在著這麼複雜的結構，有什麼作用呢？試想，食糰在胃內花費2-3小時蠕動攪拌，接著往前推進。如果患有糖尿病、巴金森氏症等神經或肌肉有問題，那麼胃部就不會攪動，就稱為胃輕癱（Gastroparesis）。這些患者經常會表示沒有胃口、不想吃、吃不下，食糰於進食之後停留在胃裡10個小時，到不了小腸，那麼營養吸收就會出問題。長期下來，身體機能會失衡、無法發揮作用，所以才需要醫師開立可以促進胃蠕動的藥物，而不是制酸劑。

此外胃部和心臟一樣，有個節律點。胃的節律點會控制蠕動，若生病的話就不會動。有點像是混凝土預拌車，一邊開車行進一邊攪動，過程中會加水（胃液），最後抵達十二指腸，而幽門括約肌在此等候，萬一括約肌有問題，會卡關。胃液是酸性，等著轉變成中性的環境，所以同時有機械性與化學性的作用同時發生。

●蛋白質分解者

胃蛋白酶（Pepsin）是胃中最重要的酵素。分泌胃蛋白酶的細胞在主細胞，它會分泌胃蛋白酶原（Pepsinogen）。另一種細胞稱為壁細胞（Parietal cells），專門分泌酸，胃食道逆流關鍵就在壁細胞。胃蛋白酶原沒有消化功能，要加入酸之後才會變成胃蛋白酶，胃蛋白酶才能消化蛋白質。當胃蛋白酶原看到肉類進到胃中，就好比大喊「降肉了」，酸加入之後會像刀子一般切割蛋白質，將大分子蛋白質切成小分子蛋白質，再把小分子蛋白質切成胺基酸。當食糰進入腸子後，還有再進行分解利用蛋白質的酵素，所以蛋白質的分解第一階段是從胃部開始。從口腔到胃這一路都沒有與蛋白質有關係的代謝，前面所提的澱粉分解是從口腔開始，由唾液當中的澱粉酶執行；對胃部而言，無肉不歡。

整個胃部其實都是胃腺，所以若是腺體細胞長出腫瘤，就稱為胃腺癌。胃酸的作用是殺菌。當我們出國旅行到了衛生條件較差的國家時，接觸不潔的飲水或吃入致病菌，因為胃酸不認得這樣的菌類，食道又沒有殺菌功能，所以很容易造成細菌感染而生病。曾經有個案例，四個好友相聚聊天時都吃了鱉湯，結果有一人腹瀉，但另外三人無事。經衛生機關檢驗後發現鱉湯有霍亂弧菌污染，而腹瀉的那名患者因為曾經做過切胃手術，胃部被去除了三分之二，少了大量的胃酸，所以他是在場唯一生病的人。由此可知，食物中大部分的細菌都由胃酸消滅。然而，因為胃酸的酸鹼值範圍是0.8至3.5，屬於強酸，萬一流向不該去的器官就會造成損傷。往上逆行至上方的食道，就變成食道炎、胃食道逆流而灼傷食道；若十二指腸黏膜破損、胃液分泌過多，就會形成十二指腸潰瘍、胃潰瘍。

小腸

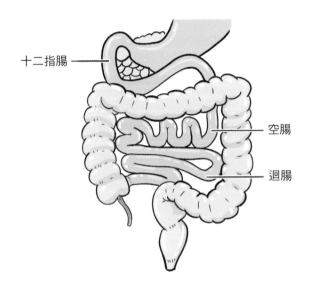

十二指腸

空腸

迴腸

　　小腸的消化機能作用最為旺盛，也負責營養素的吸收，能夠中和胃酸。成人的小腸總長度約3至6公尺，捲曲盤據在腹部，由**十二指腸、空腸、迴腸**三個部分組成，接到迴盲瓣時與大腸相連。雖然小腸分成好幾段，但其實沒有所謂的「路標」能夠標示出每個段落的位置及名稱，那麼我們要如何知道十二指腸有多長？過了這裡就是空腸？從幽門一路下去突然來到迴盲瓣，也就是迴腸與盲腸交界的瓣膜，再下一段便是盲腸，進入大腸的一部分。若要引用譬喻，迴盲瓣大概就是唐僧取經路上的五指山，直到矗立眼前抬頭一見才知域界，中途全無任何標示。所以做小腸鏡時，內視鏡像是在漫遊，根本不清楚現在究竟在哪兒，與做胃鏡時情況很不同。

●十二指腸

　　胃部尾端、小腸上端的十二指腸之所以如此為名，是因為這段腸子有十二根指頭的長度，呈現英文字母C字。分成上行第一部分，下行部分為第二部分，橫行為第三部分，穿出後到了空腸為第四部分。真正好發最多疾病的地方在第一、二部分，第三和四部份很少患病。從胃經過幽門後走進十二指腸的第一部分像是山海關城垛，此處食糰已成為食糜，無論吃下什麼都是帶著胃酸的一團酸性物質，觸碰此處黏膜後，想像身體內有哨兵通知大腦的中樞神經，下達指令給十二指腸內的細胞，準備分泌膽汁、胰液與小腸的液體，準備中和酸性物質。吃下的物質外層若無特別的包覆，經過胃部時都會被胃酸破壞殆盡，因此有些酵素與藥物需要在經過特殊設計之後，才能夠通過胃酸的考驗、抗酸，抵達十二指腸，它們需在鹼性環境下才能發揮功能。特殊的藥物遞送系統例如許多抗癌藥物，必須完整被送到癌細胞，才不會有那麼多的副作用。

　　十二指腸內本身沒有進行太多化學作用，腺體只是分泌黏液保護自己不會遭到酸破壞，所以並沒有分泌太多物質。第一部分像是個容器，還沒有中和的效果，所以如果有細菌、幽門螺旋桿菌感染，當酸來到時，便很容易發生十二指腸潰瘍。至於第二部分是膽管與胰管進入十二指腸開口乳頭之處，該處分泌出來的胰液與腸液都屬於外分泌。當胰液分泌時，十二指腸就開始分泌腸液，是酸鹼中和的起始。

●脂肪分解者

　　另外，胰臟分泌的胰液含有三種不同成分：澱粉酶、脂肪酶與蛋白酶，能夠分解澱粉、脂肪與蛋白質。而膽汁是由肝臟分泌，經由膽

管注入十二指腸，膽汁沒有酵素；若沒有脂肪類的食物進入，膽汁便會流向膽囊儲存。膽汁的主要功能是乳化作用，將脂肪的大分子變成小分子，變成水溶性才能將脂肪消化。膽汁不含脂肪酶也不含任何酵素，對脂肪消化卻很有幫助。

● 分解與吸收的精銳部隊

小腸本身有腸腺，同樣能分泌澱粉酶、脂肪酶與蛋白質酶三種不同酵素，可以說是最後的精密打擊部隊。例如：澱粉已變成多醣，進而變成雙醣，到了小腸就會變成單醣；蛋白質分子由大變成小，變成肉糜，再變成胺基酸群，然後接著被酵素切開變成單獨的胺基酸分子；而脂肪酶則會變成甘油與脂肪酸。所以身體中分解各個營養素最重要的地方就在小腸，而小腸最後一個且最為重要的功能便是**吸收**。小腸黏膜有許多絨毛，內有乳糜管，是一種淋巴管，藉此輸送養份到身體各部位，例如肝臟、肌肉等。小腸一天吸收的水分約為7700毫升，而食物通過小腸的時間大約3至4小時。

至於空腸與迴腸到底如何區分？其實解剖學上至今仍不甚清楚。

現代醫學發展至今，已經有成熟的小腸移植術。當患者發生腸套疊，腸阻塞、腸子血管突然塞住、壞死，造成必須切除腸子，但術後無法吸收營養該怎麼辦呢？大腸若經過切除術，還能做人工造口藉以排便，但小腸切除的部分若太多，就會失去吸收營養的功能，患者術後會一直削瘦下去、體重直直落，活不了。此時複雜又困難的小腸移植術便成為患者能夠活下去的一道曙光。

＼ 膽囊切除術小知識 ／

　　膽結石是常見的消化道問題之一，經常會以膽囊切除術作為治療，然而卻容易讓患者誤解以為從此沒有膽汁分泌。其實膽汁是由肝臟分泌，未消化完的膽汁原本會流向膽囊儲存，如果把膽囊切除之後，神奇的身體機制會使總膽管膨大吸收膽汁，取代膽囊。若已經有膽結石，又堅持不切除膽囊，等到脂肪再一次進入十二指腸時，膽囊收縮、膽汁排泄，膽結石會卡住總膽管通道造成疼痛，而且堵住膽汁流向腸子的去路，讓脂肪難以被分解。

大腸

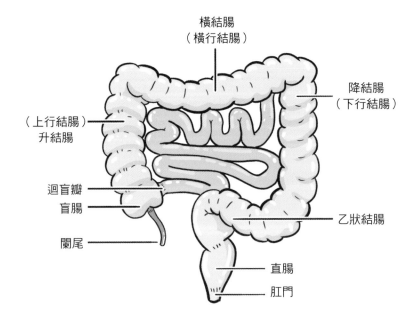

橫結腸
（橫行結腸）

降結腸
（下行結腸）

（上行結腸）
升結腸

迴盲瓣
盲腸

闌尾

乙狀結腸

直腸
肛門

　　大腸有機械性作用，也有化學性作用，但機械性作用更為重要。
蠕動到了大腸就從變成分節運動，目的是要把被消化吸收掉、沒有營
養成分而進到大腸的原便都排出體外，因為裡頭含有食物殘渣、纖維
質等所有不能吸收的物質。大腸的排遺作用本身並沒有吸收營養的功
能。而大腸最重要的功能是吸收水分，一天分泌上千毫升的腸液與胰
液還要再加上喝下的水量，這些水分、電解質到了大腸部位都將回
收，提供糞便裡細菌的養分，最後到肛門括約肌後排出。糞便最重要
的成分是許多細菌，但是不見得都是壞菌，其中還包含一些無法消化
的纖維質。所以經常聽聞要多吃青菜、水果，這是為了提供腸道菌叢
的平衡，這些物質在口腔、胃、小腸都不能被消化，卻是糞便最重要

的堆體資本，少了這些就容易引發大腸癌。

大腸呈現ㄇ字型，全長約90至150公分，分成右、上、左共三段，分別是**升結腸**（上行結腸）、**橫結腸**（橫行結腸）與**降結腸**（下行結腸）。在升結腸的一端是**盲腸**，最末是**闌尾**，一般所稱的盲腸炎其實不是盲腸發炎，是闌尾發炎，因此會右下腹會相當疼痛。在降結腸的末端有轉彎處是**乙狀結腸**，呈現S型，通過這裡後才會進入**直腸**，直腸是肌肉最厚的地方，此處有俗稱大腸頭的括約肌。

直腸最末端是肛門口括約肌，這一段約有10公分，也是容易發生腫瘤、癌症的部位。大腸癌發生在不同段會出現不同症狀，最不容易發現的部位是在盲腸及升結腸，預後的狀況最差；最容易發現的部位則是直腸，再來是直腸上方的乙狀結腸。

若要及早發現大腸癌，觀察糞便是有效方式，下列不同的糞便狀況會呈現出不同腸子部位的狀況。

糞便狀況	糞便有鮮紅血覆蓋或流出鮮血	糞便混合鮮血或解血便	藍莓色（暗紅色）糞便	烏黑色糊狀（瀝清狀）糞便
可能問題	痔瘡出血	直腸、乙狀結腸、降結腸之癌症或出血病變	小腸、盲腸、升結腸癌症或出血病變	口腔、食道、胃、小腸癌症或出血病變

一、糞便有鮮紅血覆蓋或流出鮮血：

可能是痔瘡出血。因為痔瘡位置在最末端的肛門口，通常糞便前段是正常的黃褐色，到最後一段通過肛門時因血管磨破，所以覆蓋在糞便末段的血是鮮紅色，血色不會與糞便混合。而且可能肛門口還有出血，所以衛生紙擦拭時會見紅色鮮血。另一種情況則是上廁所時沒有解出糞便，卻排出鮮血，有可能是肛門口附近的痔瘡磨破所導致，

以衛生紙擦拭時也會見紅色鮮血。

二、糞便混合鮮血或解血便：

可能是直腸、乙狀結腸、降結腸之癌症或出血病變。當腫瘤長在直腸造成直腸變狹窄時，病人會提到近兩、三個月的糞便比較細，像鉛筆一樣，有時沾血、有時沒沾血。經過檢查卻沒發現痔瘡，那麼就要懷疑可能是直腸癌。乙狀結腸癌的情況也一樣，特別是轉彎處，腸道孔徑變窄，糞便就會變細。

三、藍莓色（暗紅色）糞便：

可能是小腸、盲腸、升結腸的癌細胞所導致。盲腸與升結腸的管腔很大，裡頭是乳糜狀的原便浮在腫瘤上。若腫瘤出血，原便混合均勻血紅素繼續往前推進，就會變成像藍莓或是蔓越莓的顏色。糞便不會變細，但是很明顯能看出糞便顏色與平常不同。這個部位發生的癌症必須特別留意，有可能癌細胞已經長的很大，糞便也不會有任何改變，甚至出血很厲害時自己也會忽略觀察、不曾察覺，不知不覺中就貧血了。所幸仍可以透過大腸鏡的檢查，及早發現，及早治療。

四、烏黑色糊狀（瀝青狀）糞便：

可能是上消化道（口腔、食道、胃、小腸）的癌症或出血病變。糞便表面有油性光澤，有時帶有血腥味，與瀝青相似，所以又稱為瀝青便、柏油便。上消化道出血若比較慢一些，除了解出瀝青便之外，病人口中可能會吐出黑色或咖啡色的嘔吐物；若大量出血又急又快，可能會解出血便或甚至吐出鮮血。上消化道出血的原因很多，過去青壯年族群可能是因為感染幽門螺旋桿菌造成消化道潰瘍出血，但現在檢查與及早治療幽門螺旋桿菌已經非常普及化，使這類患者數減少許多。不過銀髮族要特別注意，使用非類固醇消炎止痛藥或者抗凝血劑

等預防中風以及心血管疾病藥物，反而成為上消化道出血的常見原因之一。

　　腸胃科醫師非常重視糞便的觀察，因為糞便能釋出重要警訊。除了留意自己的排便習慣之後，可以自我檢視身上有無其他病徵，像是臉上皮膚有無變黃、身上有無黴菌感染或念珠菌感染、吞嚥困難等。這些症狀可以整理後列表記下告訴醫師，都是自我診斷的小撇步。

＼ 闌尾炎小知識 ／

　　闌尾發炎的原因是，從小腸經過迴盲瓣進入盲腸時，分節運動會一邊脫水一邊將食糜等原便推送而至盲腸。因重力關係會使部分物質如細菌掉入闌尾，若運動順暢會擠出，但如果不順暢（如有糞石或其他阻塞物），就會堆積在闌尾造成闌尾炎。另外，大腸中也有許多憩室（空間），若開口塞住了就會變成憩室炎。

參考資料：

Balalykin, Dmitry A. (2019). Galen's understanding of the digestive system in the context of the commensurability of medical knowledge in different periods. History of Medicine, 6((2)), 98–110. https://doi.org/10.17720/2409-5834.v6.2.2019.06f

做自己的腸胃守門員：
常見胃腸疾病與自我檢視

　　胃腸疾病的症狀可說五花八門，診斷起來相當複雜，而且有時候病人自己也可能覺得症狀反覆，正當感覺舒服多了，過一陣子又突然疼痛不已，因此在求診時經常會無法精確描述徵狀。下列表格大致歸類了各種症狀，希望能協助讀者先行自我檢視，並且將症狀記錄下來，包括持續時間、症狀出現時期的飲食狀況或生活情況，求診時將這些紀錄搭配自我主訴，醫師便更能針對你的徵兆進行診斷！

常見症狀小解析

症狀	可能出問題的器官
吞嚥困難	食道
消化不良、噁心、嘔吐、噯氣、糞便顏色改變、解出黑便	胃或小腸
脹氣、腹部膨脹、放屁、便秘、腹瀉、排便習慣改變、糞便顏色改變、解出血便	小腸或大腸
食慾不振、體重減輕、肚子可以摸到腫塊、皮膚出現黃疸、頸部摸到淋巴腺腫大	胃腸道癌症甚至癌症轉移到全身的可能性

自我觀察與記錄

• 腹部疼痛

腹部疼痛是最常見於各種胃腸疾病的症狀。掌管腸胃道感覺的神經不如身體表面的體神經靈敏,所以造成的疼痛往往沒有專屬特異性,例如只是隱隱作痛、悶痛、脹痛等。如果你感覺到非常劇烈的疼痛,那麼要懷疑可能是腹膜炎、腸穿孔,或是更嚴重的癌症等。一般腹部疼痛依照部位可分成上腹部與下腹部:

上腹部的疼痛	可能來自食道、胃、十二指腸,或者肝、膽、胰疾病
下腹部的疼痛	可能來自盲腸、闌尾、小腸或大腸疾病,或是骨盆腔疾病

• 心灼熱感

心灼熱感是一種燒灼、縮緊或灼熱的感覺,通常發生在胸骨下端靠近胃部上端的區域,有時這種燒灼感會向上延伸到咽喉、頸部或者後背。病人會感覺到帶酸性的食糜或胃液向上滿溢,而膽汁或胰液等消化液雖然不是酸性,但流經食道同樣會產生心灼熱感,又稱為火燒心。經常發生的時間點多半在飯後一小時內,尤其是暴飲暴食後或甚至加重,此外,頭低腳高的姿勢也可能引發心灼熱感。

● 胃酸逆流

胃酸逆流是指口中突然出現食道或胃的內容物，而感到苦苦的或者是酸酸的現象。此時與嘔吐的感覺不同，因為病人不會感到噁心，而且通常只有少量的物質存在口腔中。發生胃食道逆流的原因通常是下食道括約肌的緊縮力不夠，或者食道有異物阻塞。罹患胃食道逆流疾病（gastroesophageal reflux disease，GERD）的病人，其中約有百分之六十會出現胃酸逆流的症狀。

● 胸骨後方疼痛

與食道疾病有關的胸骨後方疼痛，可能是不正常的食道收縮或擴張所引起，也可能是由酸性物質直接刺激食道黏膜所導致。胸骨後方疼痛的症狀需要注意的地方是和心肌缺氧引起的心絞痛做區隔，此外這種疼痛也可能與精神性或筋骨肌肉疾病有關。這種疼痛有許多成因，所以要仔細辨別並與醫師討論。

● 吞嚥困難

吞嚥困難是一種主觀感受，也是胃腸疾病中常見的症狀之一。這是一種食物堵在胸口的感覺，因為吞嚥是一項複雜的動作，由口腔、咽喉與食道三個部位相輔相成，所以當發生吞嚥困難時，很有可能是這三個部位之一發生病變或是協調功能出狀況。多半醫師會詢問幾個重要問題：引起吞嚥困難的食物型態是什麼？液體或是固體？也有可能兩種都會造成吞嚥困難。另外，吞嚥困難的發生是持續性或是間

接性？這也會影響醫師的診斷，而且有沒有合併心灼熱感或者胸痛、體重減輕等異常情況，因此若出現吞嚥困難，建議將當時所有的狀況進行記錄，於就診時一併告知醫師。

● 消化不良

腸胃科最常遇見的問題就是消化不良，但其實這是一個籠統、含混不清的名詞，舉凡上腹痛、吃不下、脹氣、噁心等不舒服，全部都可以被稱作消化不良。許多病人長期受苦，在不同醫院的診間流浪、求診一間換過一間，重複接受各種檢查包括胃鏡、超音波、上消化道攝影等，但是都無法找到根本原因。這一類患者的罹病正確名稱極可能是「功能性消化不良」，與一般人所熟知的「消化不良」的不同之處在於，依照不同的臨床型態，可以再將複雜症狀細分歸類成三種：

1. 擬似潰瘍型	具有消化性潰瘍疾病的特徵，空腹時以及夜間會上腹疼痛，但進食後或服用制酸劑便能緩解疼痛。
2. 擬似胃酸逆流型	常覺得上腹不適，同時伴有胃酸逆流及胸口灼熱感。
3. 擬似腸胃蠕動異常型	除了上腹痛之外，還加上噁心或嘔吐、早飽感或厭食、餐後腹脹及噯氣。

● 食慾不振

食慾不振經常造成體重減輕，但是引發食慾不振的原因有兩種：

1、中樞神經系統的問題：想吃食物的念頭降低了，或是因為癌症的合併症狀。病人常見的狀況是沒有胃口、看到東西都不想吃，如果勉強自己吃一些東西，可以吞下，不會吐出來。

2、食道或是胃腸系統的問題：常見病人吃東西後覺得吞不下去，有時甚至會將未消化的食物吐出來，或者吃進食物後整個食道、腸胃都更不舒服，因而停止繼續吃東西的念頭。

• 便祕

便祕是常見的大腸運動功能失調的
毛病。雖然排便習慣因人而異，實際
上一位正常成人每週的排便次數是3至
20次。一般說來，若每週排便次數少於
2次、排便時會費力解便、解出較硬甚
至如顆粒狀的糞便，就稱為便秘，但還
是以個人習慣為準。造成便祕的原因
不外乎是纖維質攝取不足，或是運動
量不足、工作型態或生活壓力抑制了
正常便意。另外，也可能是疾病因素
造成長期臥床、情緒刺激等等，也都
會造成排便不正常。

• 腹瀉

相對於便秘，如果一個人的排便次數比平常明顯增加，而且糞便
中水分變多甚至形成液態，就可能是腹瀉。腹瀉可分成**急性與慢性**：
前者是指症狀時間為六週內，後者則是持續腹瀉六週以上。

急性腹瀉：常見原因是病菌感染，因為各種微生物感染，刺激腸
胃道蠕動過快，導致排便次數增加、水分吸收不及。食物中毒、飲水
不潔或是藥物作用，都可能造成急性腹瀉。另外，東方人經常有乳糖
不耐症，也就是身體對於牛奶以及乳製品無法分解，缺乏這一類酵
素，所以吃進這些東西後就容易拉肚子。

慢性腹瀉：多半是特殊的感染情況所造成，例如寄生蟲、結核菌
或是原生動物等感染，病人會長期腹瀉持續很久，可以說是經年累月
不堪其擾。

• 裡急後重

排便後才沒過多久又想解便，經常有解不乾淨的感覺，很可能就是肛門附近有病灶，但有時大腸直腸癌也可能出現這樣的情況。

另外，消化道癌症的症狀可繁複多樣：

消化道癌症症狀	可能類型
排便習慣改變、糞便顏色改變等症狀	可能與大腸癌有關
便秘、體重減輕、無法解便等	可能與大腸癌有關
吞嚥困難、上腹痛、咳嗽、肩頸淋巴腫大、聲音啞及胸骨後疼痛等症狀	可能與食道癌或胃癌有關
腹脹、腹痛、體重減輕、消化不良、腸胃道阻塞等症狀	可能與胃癌、腸癌有關

出現症狀：

NOTE

糞便狀況：

持續時間：

飲食內容：

生活作息：

Part 2

常見消化道疾病的特性
與醫療方式

從嘴巴到肛門，常見疾病的特性與醫療方式

消化系統疾病複雜又多元，光是腹痛就有許多可能性，包括痛法、疼痛點、持續時間等，反映不同的病況。一般人到醫院或診所可先從「胃腸肝膽科」的門診開始進行檢查，醫師問診會搭配病史以及生活習慣的詢問，所以誠實以告多半都能找出病因。

本章彙集多位胃腸肝膽科醫師的門診經驗，整理出腸、胃、食道等常見疾病，說明各個不同疾病的各期徵狀並介紹適合的治療法。

注意! 仍要提醒讀者每個人的個別差異很大，同樣的症狀在不同人身上可能會獲得不同診斷；即便是同樣的診斷，治療方法也不見得相同，建議多與醫師討論，如果是重大疾病有其必要性可以參考第二位醫師的專業意見。

食道常見疾病

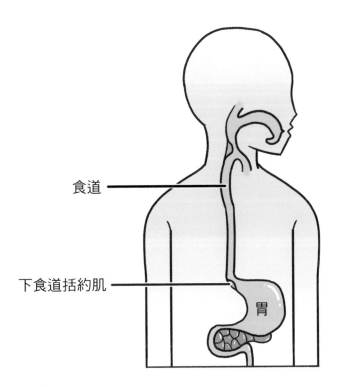

食道

下食道括約肌

胃

食道常見疾病

1. 藥物性食道潰瘍（Drug-induced Esophageal Ulcer）

2. 食道靜脈瘤出血（Esophageal Variceal Bleeding）

3. 胃食道逆流症（Gastroesophageal Reflux Disease，GERD）

4. 胃食道逆流症 內視鏡治療

5. 食道弛緩不能（Achalasia）

6. 早期食道癌（Early Esophageal Cancer）

7. 進行性食道癌（Advanced Esophageal Cancer）

8. 巴雷氏食道（Barrett's Esophagus，BE）

1. 藥物性食道潰瘍
(Drug-induced Esophageal Ulcer)

李輔仁醫師，天主教輔仁大學附設醫院胃腸肝膽科主任

病例一　70歲李奶奶因為有骨質疏鬆症的問題，所以看診後長期服用治療藥物福善美（Fosamax Plus）。她最近吃東西的時候出現吞嚥困難，並且有胸痛的情況，尤其吃固體食物的時候症狀更嚴重。這種狀況持續了大約一週，不舒服的感覺益發明顯，由孝順的孫子帶去醫院看診尋求協助。

醫師診斷　經過醫師問診，李奶奶並沒有發燒、沒有咳嗽、沒有發生氣喘或體重減輕的現象，身體檢查也沒有任何異常。安排進行內視鏡檢查後，發現在食道中下段有多處小的潰瘍，潰瘍邊緣完整且無隆起。（圖1、圖2箭頭所示）

治療方式　經過8週的藥物治療，再次追蹤時，潰瘍已經癒合。（圖3、圖4）

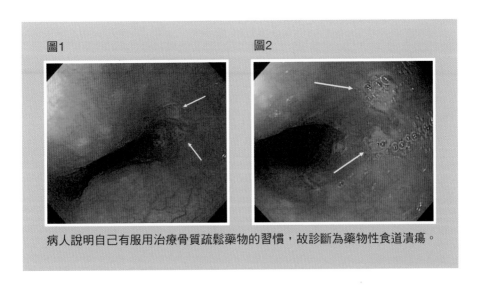

圖1　圖2

病人說明自己有服用治療骨質疏鬆藥物的習慣，故診斷為藥物性食道潰瘍。

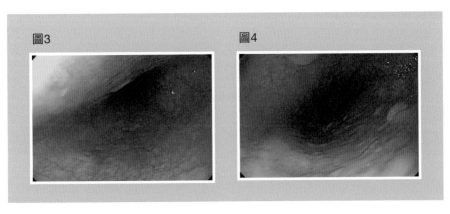

圖3　圖4

病症原因　有些藥物本身具有刺激性，容易引起胃酸逆流，導致食道潰瘍。也有可能是服用藥物時水喝得太少，或者是病人於睡前才服用藥物，一吃完藥就躺下，導致藥物停留在食道時間過長，無法順利進入胃中，最後造成食道潰瘍。

治療原理　治療藥物性食道潰瘍可給予制酸性的黏膜附著劑，隔絕食物與胃酸的刺激。此外，也可以給予質子幫浦抑制劑，減少胃酸逆流所引起的傷害。無論使用黏膜附著劑或是質子幫浦抑制劑治療，大約4至8週後，食道潰瘍皆會癒合。

預防措施　避免服用下方表格列出的高風險藥物之外，建議吞服任何藥物時都一定要多喝開水，每一次至少要喝100毫升，大約一罐養樂多容量，不能只吞一口水。水分足量才能將藥物順利送服至胃部。此外，若是睡前服用的藥物，最好吞服後30分鐘再躺平，而且仍然要多喝開水，才能預防藥物性食道潰瘍的發生。

 藥物小百科：經常引起藥物性食道潰瘍之藥物

種類	抗生素	非類固醇抗發炎藥物	其他
常見藥物	四環黴素（Tetracycline） 去氧羥四環素（Doxycycline） 克林達黴素（Clindamycin） 阿莫西林（Amoxicillin）	阿斯匹靈（Aspirin） 布洛芬（Ibuprofen） 萘普生（Naproxen）	阿崙磷酸鈉（Alendronate） 骨質酥鬆藥物，如福善美（FOSAMAX PLUS） 奎尼丁（Quinidine） 氯化鉀（Potassium chloride） 維他命C 鐵劑

病例二　23歲的美玲因為臉上有痤瘡（青春痘）至皮膚科看診，醫師開立抗生素（Clindamycin）給予服用。沒想到美玲才吃藥一天，便因為胸口疼痛、吞嚥困難到腸胃科報到了。

醫師診斷　內視鏡檢查後發現在食道中段已有兩處潰瘍。（圖5、圖6箭頭所示）

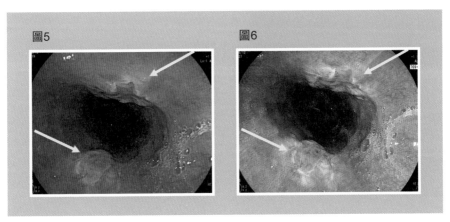

圖5　　　　　　　　　　圖6

病例三　45歲上班族陳大姐因為有坐骨神經痛的問題，服用醫師開立的非類固醇類止痛藥（Naproxen）一週，同樣出現了吞嚥時胸口會痛且有異物感的問題，結果改到腸胃科掛號。

內視鏡檢查後發現在食道中段有一個大且表淺的潰瘍
（圖7箭頭所示），邊緣之食道黏膜為正常。

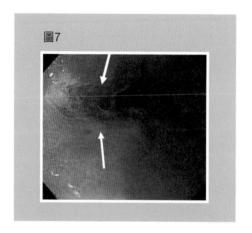

圖7

2. 食道靜脈瘤出血
（Esophageal Variceal Bleeding）

李輔仁醫師，天主教輔仁大學附設醫院胃腸肝膽科主任

病例 趙哥罹患慢性C型肝炎已經30年，今年55歲，被診斷出肝硬化，家人很為他的健康狀況擔心。某天他突然在家中口吐鮮血，雖然量不多，大約100毫升，卻接著頭暈、臉色發白，把大家嚇壞了，趕緊將他送至急診室。

醫師診斷 趙哥被送到醫院急診室時，雖然意識清楚，但醫師檢查他的各項重要數值後發現不太對勁：他的血壓95/64 mmHg、心跳每分鐘110下、呼吸每分鐘12次、體溫36.0°C。隨後實驗室得出他的生理數據，發現他的血紅素下降、血小板減少、肝功能異常、腎功能也異常。再進一步做超音波檢查，發現趙哥肝硬化合併脾臟腫大。（圖1、圖2）

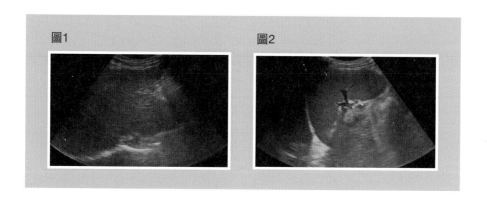

圖1　　　　　　　　　　　　　圖2

治療方式　因為趙哥有嚴重貧血的情況，急診室立即給予輸血及注射點滴輸液，以穩定生命徵象。另外，同時安排緊急上消化道內視鏡檢查，發現患者胸腹內一條食道靜脈瘤正在急性出血（圖3箭頭所示），於是當下施做食道靜脈瘤結紮術（Endoscopic variceal ligation，EVL）止血（圖4）；另一方面也給予血管加壓素（Terlipressin），使其腸道血管收縮，達到降低門脈壓力並進而達成止血效果，病患總算安然度過，沒有大礙。

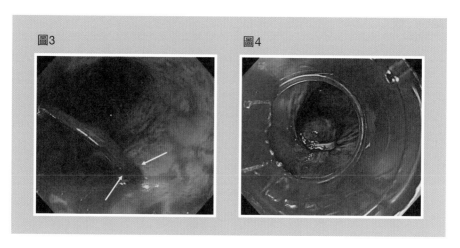

圖3　　　　　　　　　　　　　圖4

形成食道靜脈瘤主要的原因是門脈高壓，常見於肝硬化患者身上。

造成門脈高壓的原因為肝硬化，在台灣，多數肝硬化是由慢性病毒型肝炎如慢性B型肝炎、C型肝炎以及酒精性肝炎，少數是因為自體免疫肝炎或者脂肪肝引起。當門靜脈與下腔靜脈壓力差達到10 mm Hg以上，會造成原先要流入左胃靜脈（屬於門脈系統）的食道表淺靜脈，因血流量增大與逆流而擴張所導致。

食道靜脈瘤的嚴重程度，在內視鏡下可分成三種程度。

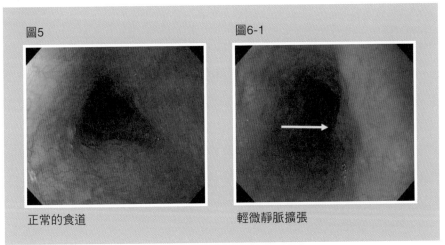

圖5　　　　　　　　　圖6-1

正常的食道　　　　　　輕微靜脈擴張

圖6-2

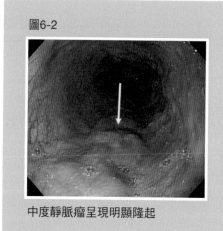

中度靜脈瘤呈現明顯隆起

圖6-3

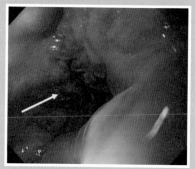

嚴重靜脈瘤呈現顯著隆起且表面不
規則

緊急治療 若發現病人急性出血時，首先要保持呼吸道暢通，呼吸狀況不佳或有吸入性肺炎風險時，應進行氣管內管插管以保護呼吸道。此外，輸液及輸血具有穩定血壓的效果，輸血主要以紅血球輸液為主，若有凝血功能問題，則考慮給予新鮮冷凍血漿與血小板輸液。

另外，醫師會使用促使腸道血管收縮的藥物例來達到降低門脈壓力並進而止血的目的，這些藥物包括：Vasopressin、Terlipressin、Somatostatin或Octreotide。

可能的副作用為肢端發紺、腹部痙攣、腹瀉、頭痛；噁心、暈眩與面部潮紅；腹瀉、噁心、腹部不適、食欲不振、高血糖、低血糖等。

內視鏡治療 建議進入醫院後12小時內，進行內視鏡檢查以確認為食道靜脈瘤出血，再施予內視鏡治療。治療方法有兩種，分別是內視鏡靜脈瘤結紮術（Endoscopic variceal ligation，EVL），除了急性出血時可以止血之外，也可以用來預防再次出血；以及內視鏡靜脈瘤注射硬化療法（Endoscopic injection sclerotherapy，EIS），使血 減少、血管纖維化，以避免或抑制靜脈瘤出血。

1. 靜脈瘤結紮術：

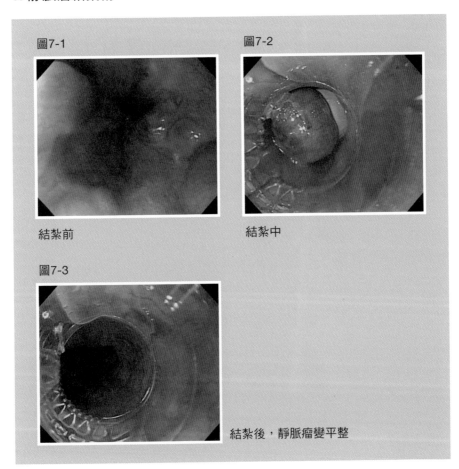

圖7-1

結紮前

圖7-2

結紮中

圖7-3

結紮後，靜脈瘤變平整

利用內視鏡吸力將食道靜脈瘤吸入結紮器的套環內,置於內視鏡前端,將結紮環推出綁在靜脈瘤底部,被綁住的地方之後會脫落形成斑痕。而被綁過的靜脈瘤會留下完全癒合的表淺痕跡或逐漸消失。

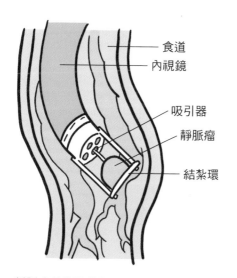

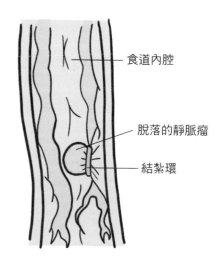

靜脈瘤結紮器外觀
(Boston Speedband Superview
Super 7 ™)

靜脈瘤結紮術施作過程

2. 靜脈瘤注射硬化療法

利用內視鏡將硬化劑注射在靜脈曲張處或周圍部位,來防止靜脈瘤再次出血。內視鏡注射硬化療法之副作用如下:

副作用	出現機率
胸部灼熱或疼痛	60%,大多於一天內消失
食道潰瘍	50%

副作用	出現機率
頭痛	50%
發燒	10%
吞嚥困難	30%
食道狹窄	1.5%
穿孔、形成瘻管等	極少數會造成肺栓塞

　　由於內視鏡注射硬化療法的再出血情況及副作用，均高於內視鏡結紮術，所以目前內視鏡注射硬化療法主要僅用於治療胃部靜脈瘤的出血。

3. 胃食道逆流症

（Gastroesophageal Reflux Disease，GERD）

曾屏輝醫師，臺灣大學醫學院內科臨床教授、
台大醫院胃腸肝膽科主治醫師

病例　　52歲的王先生是科技公司主管，中廣身材，因為常應酬聚餐，所以有顆大肚腩。平常沒什麼時間運動，但是沒有抽菸習慣，除了血壓高一點，身體還算健康。不過日常的飲食習慣有點糟糕，經常晚上八、九點才忙完下班，便與同事相約熱炒店解決晚餐，啤酒相伴，回家倒頭便睡。

　　有一天，王先生睡到半夜時竟因為有食物與液體倒流到口腔而驚醒，嘴裡有酸酸的感覺，還稍微嗆到而咳嗽，睡眠品質大受影響。除此之外，並沒有胸口灼熱或其他不舒服的感覺。然而因為上班時精神不濟，經同事勸說後他便就診確認。

醫師診斷　　腸胃科替換他安排了胃鏡檢查，診斷為為嚴重的逆流性食道炎，洛杉磯分類C級（圖1），同時合併有橫膈膜疝氣（圖2）。

圖1　　　　　　　　　　圖2

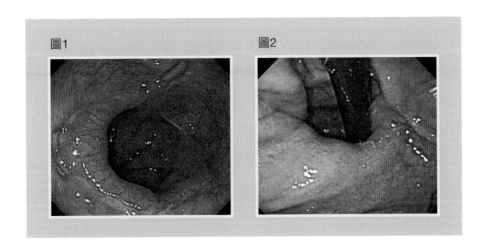

治療方式　醫師的處方為質子幫浦抑制劑，這是一種胃食道逆流症的特效藥，並告知王新生一定要配合配合飲食與生活型態的改變。王先生也很聽話，遵從醫師指示按時服藥，減少了應酬頻率，也盡量不喝酒，因此症狀很快就緩解，睡眠狀況也大幅改善。

病症原因　在正常吃東西的情況下，食物在經過嘴巴咀嚼、吞嚥，通過咽喉之後會經由食道蠕動往下移動，通過食道與胃部交接處的閥門，即是「賁門」，最後進入胃部進行下一步的消化吸收。賁門是下食道括約肌所在位置，正常狀況下在進食後會收縮關緊，避免胃裡的胃酸或內容物往上逆流進食道。若是下食道括約肌逐漸鬆弛、關閉不緊，使得胃酸或胃內其他內容物逆流進食道，就是「胃食道逆流」。當胃食道逆流的頻率及嚴重度逐漸增加，胃酸或消化液中的其他成分即會對食道黏膜造成刺激，出現令人不適的症狀，甚至造成發炎、潰瘍、狹窄等嚴重併發症。

　　另一種則是在正常狀況下，橫膈膜開口位於食道從胸腔進入腹腔之間，裂孔大小與食道相近，用以固定食道位置。當肥胖或腹腔壓力過大導致開口變鬆，本來在橫膈膜下方的胃，就有可能經由此開口跑到橫膈膜上方的胸腔，即為「橫膈膜裂孔疝氣」。

圖3

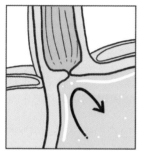 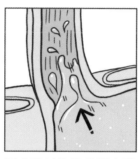 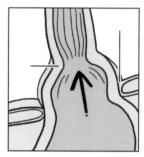

正常下食道括約肌在進食後會收縮關緊，避免胃裡的胃酸或內容物跑到食道裡。

下食道括約肌的張力鬆弛，造成關閉不緊，使得胃裡的胃酸或內容物容易跑到食道裡，造成令人不適的症狀。

橫隔膜裂孔疝氣。

疾病分期 逆流性食道炎洛杉磯分類（Los Angeles classification）

　　以內視鏡觀察食道黏膜發炎（逆流性食道炎）之嚴重程度，目前國際上公認最常使用的分類法即為洛杉磯分類法，可分為A、B、C、D四級，發炎程度由A級至D級為愈來愈嚴重。

圖4：逆流性食道炎洛杉磯分類

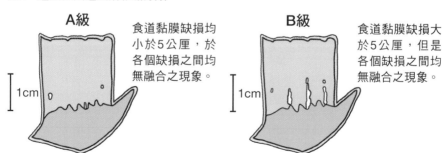

A級　食道黏膜缺損均小於5公厘，於各個缺損之間均無融合之現象。

B級　食道黏膜缺損大於5公厘，但是各個缺損之間均無融合之現象。

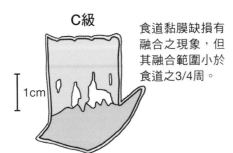

C級　　食道黏膜缺損有融合之現象，但其融合範圍小於食道之3/4周。

1cm

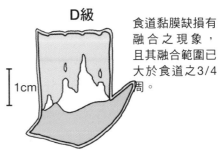

D級　　食道黏膜缺損有融合之現象，且其融合範圍已大於食道之3/4周。

1cm

 治療原理　多以藥物治療，常使用之藥物分為兩類。第一類為制酸劑、藻膠酸藥物、第二型組織胺拮抗劑及質子幫浦抑制劑等，主要作用都是在抑制及緩和胃酸。另一大類則是促進腸胃道蠕動之藥物，利於胃之排空及增加下食道括約肌的收縮，減少胃內容物逆流到食道的機會。

 藥物小百科：質子幫浦抑制劑（Proton pump inhibitor）

質子幫浦抑制劑大約是1980年代之後，胃食道逆流患者逐漸增加，質子幫浦抑制劑因此被研發出來，對於白天抑制胃酸有更強的效果。即使有副作用例如頭痛、便秘、腹瀉等，但都算是輕微、容易被處理。

藥物名稱	功能／使用情況	適用範圍	注意事項
質子幫浦抑制劑	膜衣錠製劑吞服後會被胃酸分解，釋出到十二指腸被吸收，經血流到達壁細胞被其中所含胃酸活化之後，再與胃酸分泌最後一個步驟的酵素做不可逆性的結合，達到抑制分泌胃酸的效果。	胃酸過多、胃食道逆流症、消化性潰瘍	骨質疏鬆症及肝功能不佳者慎用，注意胃瘜肉及胃腫瘤之可能性。

藥物小百科：胃食道逆流之常用藥物

對抗胃食道逆流的常用藥物很多種，依照作用型態可概略分成質子幫浦抑制劑、第二型組織胺拮抗劑（H2-blocker）、藻膠酸藥物、制酸劑以及促進腸胃道蠕動之藥物。

藥物名稱	功能／使用情況	適用範圍	注意事項／可能副作用
質子幫浦抑制劑 包括omeprazole、Esomeprazole、Lansoprazole、Dexlansoprazole、Pantoprazole、Rabeprazole等	在胃酸產生過程的最後步驟有效的抑制胃酸分泌。	胃食道逆流症、消化性潰瘍	使用方便，一天只需服用一次，副作用少，是治療胃食道逆流症之首選藥物。
第二型組織胺拮抗劑 包括Cimetidine、Ranitidine、Famotidine等	抑制壁細胞正常釋放及因為食物刺激而釋放的胃酸	胃食道逆流症、消化性潰瘍	餵哺母乳期間的婦女及肝功能不佳者慎用。
藻膠酸 包括Alginate、Alginos、Algitab	此類藥物從天然褐藻萃取，於飯後服用，可以在胃的內容物上方形成物理性屏障，減少胃酸往上逆流到食道的機率，也可以黏附在胃黏膜上層，覆蓋及保護胃黏膜。	胃酸過多、胃食道逆流症、消化性潰瘍	如腹脹、打隔、腹瀉或便秘，偶爾有噁心及嘔吐現象。腎臟病患慎用。
制酸劑	大多含有鋁鹽及鎂鹽，具有中和胃酸的作用，效果較弱且持續時間短。	胃酸過多、胃食道逆流症、消化性潰瘍	鋁鹽易引起便秘、鎂鹽易引起腹瀉、含碳酸鈣成分可能會造成高血鈣，身體酸鹼度過高。

藥物名稱	功能／使用情況	適用範圍	注意事項／可能副作用
促進腸胃道蠕動之藥物 包括Mosapride、Metoclopramide	促進腸道和胃部的蠕動，增加氣體排出，利於胃排空，減少胃內容物逆流到食道的機會。	嘔吐、噁心、脹氣、消化不良	Mosapride可能副作用為腹瀉、軟便、口渴、倦怠感等；Metoclopramide則可能有潛在副作用，包括肌肉動作緩慢或抽搐、腹痛、頭痛、暈眩等。可能增加心律不整之風險。

4. 胃食道逆流症 內視鏡治療

曾屏輝醫師，臺灣大學醫學院內科臨床教授、
台大醫院胃腸肝膽科主治醫師

病例　　46歲的陳先生經營自家生意，身材中等，而且不菸不酒，也不吃檳榔，平時健康狀況大致良好。因為工作型態的關係，他三餐不定時也不定量，只能在工作中間的短暫空檔狼吞虎嚥，將食物塞入口中草草解決。

陳先生於兩年前開始有胃酸逆流及胸口灼熱等症狀，但他不以為意，只有自行到藥局買藥服用，剛開始稍有緩解。然而，症狀發作的頻率愈來愈高，特別是在飯後及躺平睡覺時尤其明顯，有時候他甚至會半夜被胃酸逆流的情況給驚醒，嚴重影響到平日生活及睡眠品質。經妻子再三催促，自行至醫院腸胃科就診。

醫師診斷　　陳先生進行胃鏡檢查，結果顯示為逆流性食道炎，屬於洛杉磯分類A級，於是醫師處方質子幫浦抑制劑，症狀很快達到緩解。藥物服用四個月後，醫師建議停藥觀察，可是症狀很快又復發。再次安排胃鏡檢查，這次發現之前胃食道交接處之糜爛已經

大致癒合，但還是有發炎情形，於是再度處方質子幫浦抑制劑，症狀很快又緩解了。

　　就這樣，陳先生又服用了四個月的質子幫浦抑制劑，但是只要一停藥，症狀很快就再次復發。為了拿藥，他每四個月就得做一次胃鏡才能拿到處方胃食道逆流的特效藥質子幫浦抑制劑。

　　這樣治療了兩年，陳先生出現了藥物依賴性，每天都必須吃藥才能控制症狀，心情變得很低落。此外，他也開始擔心起長期服用藥物是否會有副作用，也不想再一直吃藥了。於是，與醫師討論後他決定轉診往醫學中心，尋求藥物之外的治療方法。

　　醫學中心再次幫他安排內視鏡檢查，發現胃食道交接口已明顯鬆弛（圖2），胃食道交界處之黏膜雖然沒有明顯發炎糜爛，但觀察到食道黏膜已有變性成柱狀黏膜的跡象（圖1）。

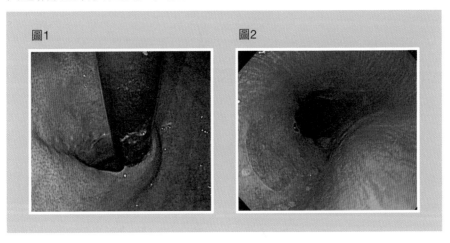

圖1　　　　　　　　　圖2

　　醫師再以高解析度食道壓力（High-resolution manometry，HRM）檢查進行顯示，確認陳先生的食道蠕動功能正常（圖3），但是下食道括約肌壓力明顯偏低，只有2mmHg（正常值為10-40 mmHg）。（圖4）

圖3　　　　　　　　　　　圖4

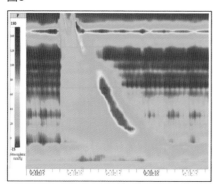 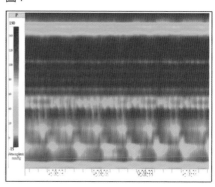

　　此外，24小時食道阻抗併酸鹼度檢測（24-h multichannel Intraluminal Impedance and pH monitoring, MII-pH）顯示，過度的食道胃酸暴露6.9%（正常為 <4.2%），陳先生晚上躺平睡覺時特別嚴重，高達12.6%。（圖5）

圖5

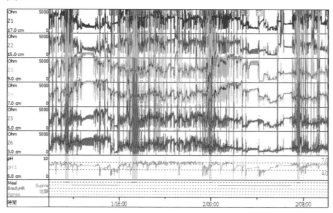

治療
方式　　陳先生與醫師討論後，決定接受內視鏡「抗逆流黏膜燒灼術」（Anti-reflux mucosal ablation，ARMA），藉由內視鏡伸入特殊器械，在賁門區黏膜表面燒灼造成傷口，藉由傷口癒

合、結疤的力量，讓鬆弛的賁門區肌肉可以恢復緊縮。（圖6）

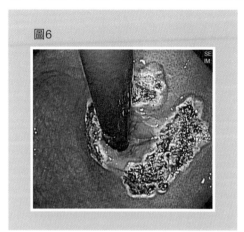

圖6

　　手術過後，陳先生感覺到逆流情形明顯改善，除了第一個月必須服用質子幫浦抑制劑幫助傷口癒合，他好好地控制了生活步調，並改善飲食習慣，之後不再需要吃藥，他的心情開朗許多，生活及睡眠品質也大幅提升。

　　術後三個月，陳先生以胃鏡檢查追蹤，發現胃食道交接口已明顯緊縮（圖7、圖8）。而高解析度食道壓力檢查顯示下食道括約肌收縮壓提高為20 mmHg，24小時食道阻抗併酸鹼度檢測也顯示食道胃酸暴露減少至1.6%。

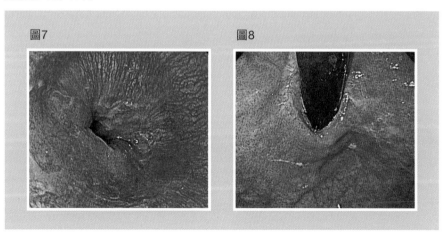

圖7　　　　　　　　　　　　圖8

5.食道弛緩不能
（Achalasia）

李青泰醫師，義守大學助理教授、義大醫院內視鏡主任

病例　　花樣年華的十五歲琳琳是一位高中生，她的身高165公分、體型偏瘦，並沒有重大疾病史。可是她從國中三年級開始，吃飽飯後經常嘔吐，偶爾還會覺得胸口灼熱，起初媽媽以為是課業壓力過大導致，所以只是週末經常帶她出去散心。但是後來琳琳的症狀愈來愈嚴重，媽媽趕緊將她帶到診所求助，經醫師診斷後為胃食道逆流症，開立了服用制酸劑的治療處方，然而狀況一直沒有改善。

　　琳琳上了高中後，症狀發生的頻率更高，幾乎每吃必吐，有時還會吐出2至3天前吃的食物殘渣。同時她的體重掉得很快，半年內從52公斤變成剩下35公斤，瘦成紙片人的模樣讓家人很心疼，媽媽一度懷疑寶貝女兒得了厭食症，後來媽媽帶她到醫學中心腸胃科門診就醫。

醫師診斷　經醫師透過內視鏡檢查後發現，食道的擴張功能不正常導致食物堆積在食道管腔中（圖1），同時合併有賁門緊

縮的情況（圖2），因此醫師高度懷疑為食道弛緩不能。

　　醫師再為其安排食道鋇劑攝影（Barium esophagography）檢查，顯示鋇劑蓄積在食道，賁門處顯示鳥嘴狀。（圖3箭頭所示）

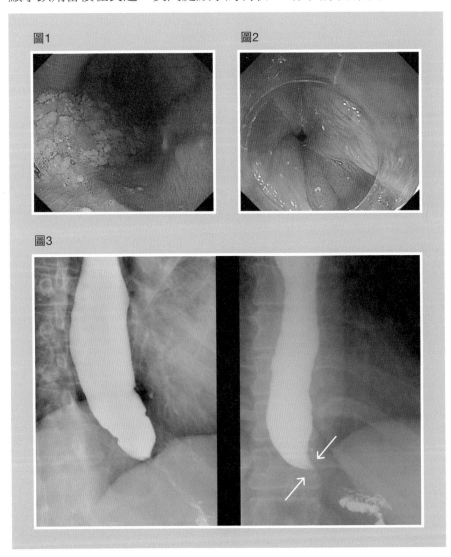

圖1

圖2

圖3

　　進一步安排高解析度食道壓力檢查，顯示下食道括約肌壓力異常升高，合併食道不正常收縮及蠕動異常，確定為食道弛緩不能。

＊高解析度食道壓力檢查

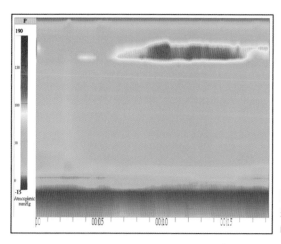

圖4-1. 下食道括約肌壓力持續性異常升高，壓力值34 mmHg，無法放鬆。

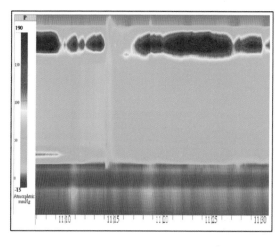

圖4-2. 喝水測試時呈現全食道壓力升高，但食道體完全沒有正常收縮蠕動現象。符合第二型食道弛緩不能之診斷。

治療方式　　找出造成琳琳體重減輕的原因之後，醫師與琳琳及其家人進行說明以及討論，決定讓琳琳接受經口內視鏡食道

肌肉切開手術（Per-oral endoscopic myotomy，POEM），也就是將內
視鏡經由口腔鑽到食道黏膜下層，再利用特殊的手術刀將下端食道括
約肌切開，以達到賁門放鬆的目的。

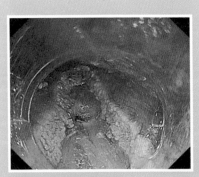
圖5-1. 食道肌肉切開手術切開肥厚的食道內環肌肉。

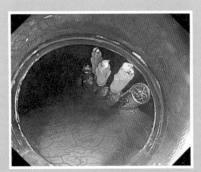
圖5-2. 以內視鏡手術做傷口縫合。

住院3天後，琳琳順利出院，吞嚥問題完全改善，恢復了胃口恢復，
體重也逐漸增加。術後追蹤內視鏡檢查與鋇劑食道攝影，都顯示賁門
口正常放鬆，不再有阻塞現象。

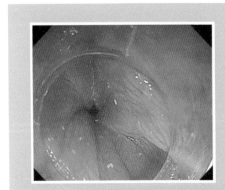
圖6-1. 術前內視鏡顯示賁門口緊縮，無法放鬆。

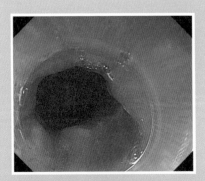
圖6-2. 術後內視鏡顯示賁門口可正常放鬆。

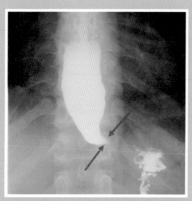 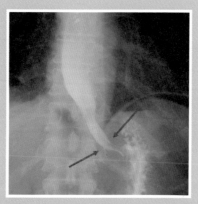

圖6-3. 術前食道攝影顯示鋇劑蓄積在食道，賁門處顯示鳥嘴狀。（箭頭所示）

圖6-4 術後食道攝影顯示鋇劑可輕易的通過賁門到胃部，賁門處不再呈現鳥嘴狀。（箭頭所示）

病症原因　造成食道弛緩不能的主因是下食道括約肌神經元功能喪失，導致下食道括約肌持續性的收縮而無法放鬆，食物就容易堆積在食道，進而使食道漸進式的擴張變形。然而，造成神經元功能喪失的原因目前仍然不明，但推測可能是基因遺傳、環境毒素、感染或自體免疫反應等所誘發。

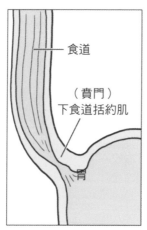

圖7 致病轉機示意圖

6. 早期食道癌
(Early Esophageal Cancer)

王文倫醫師，義守大學副教授、義大醫院胃腸肝膽科主任

病例　　58歲的李先生是建築工人，平常香菸不離手，檳榔不離口，每天工作結束後都要喝半瓶高粱酒才能入睡。朋友注意到他喝酒時都會臉紅，還以為是他酒量很好。三個月前李先生開始覺得喉嚨總是像有東西卡卡的，咳不出來，朋友認為他可能是胃食道逆流，好心拿了胃藥給他吃。然而，李先生的的喉嚨異物感持續存在了兩個多月，甚至偶爾會咳出血絲，在太太的勸說下他才至耳鼻喉科就診。

醫師診斷　　醫師用喉鏡替李先生檢查，發現在他下咽處有個兩公分大的腫瘤（圖1箭頭所示），切片檢查確診為下咽癌。

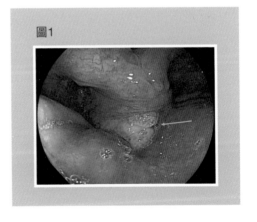

圖1

　　下咽癌患者有20%的風險可能同時罹患食道癌，因此在醫師的
建議下，李先生進一步接受胃鏡檢查。一般胃鏡以白光觀察看起來
正常，李先生的食道沒有異常，但是切換成窄頻影像（Narrow band
imaging，NBI）之後，發現食道中段有一個2公分大小的棕色病變。
（圖2-2箭頭所示）

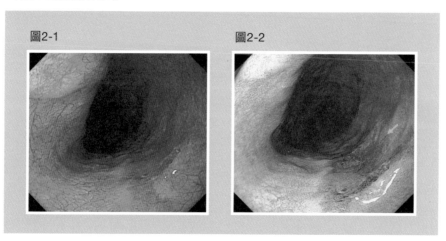

圖2-1　　　　　　　　　　　　　圖2-2

　　再以擴大內視鏡仔細觀察，病灶中有一些擴張且型態異常的血管
（圖3），醫師告知可能是早期食道癌。

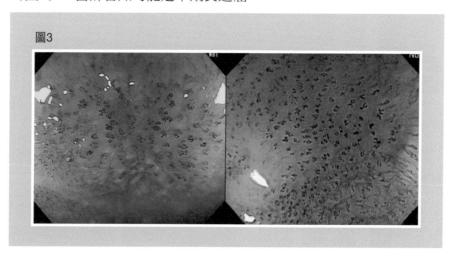

圖3

圖4：罹患食道癌之血管演變

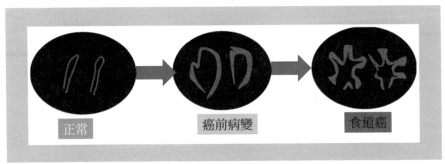

正常　　　　癌前病變　　　　食道癌

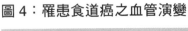 進行了進一步的食道病變切片檢查及電腦斷層掃描之後，萬幸的是沒有淋巴結轉移或擴散現象，但是因為沒有症狀，李先生覺得自己沒有生病，因此不想接受治療，認為之後若不舒服時再處理即可，只想先處理喉嚨卡卡的問題。

但是在兒女的說明和勸說之後，最後他還是回到了診間，醫師告訴他，他得的是第一期的食道鱗狀細胞癌，經過內視鏡治療就可以根治，不用開大刀還可以保存食道。李先生再三考慮下，他終於同意接受內視鏡黏膜下剝離術治療。

切下來的食道檢體送到病理科進行病理分析後，結果顯示為食道黏膜癌第一期，切緣無殘存腫瘤（圖5），故達成完整治療，不需追加手術或放射線療法、化學治療。

圖5-1

圖5-2

　　李先生術後住院三天觀察，沒有不適現象，進食也與一般人無異，之後他確實戒除菸、酒與檳榔，定期追蹤，目前無復發現象。

內視鏡治療小百科：

內視鏡黏膜下剝離術（Endoscopic submucosal dissection，ESD）

　　食道癌過去的治療方式是以食道切除手術為主，但是隨著內視鏡技術的進展，近二十年開始發展內視鏡的微創切除術。內視鏡治療不但可以將食道癌完整切除、身體恢復快，還可以保存食道及其功能，術後生活品質不會受到太大影響。目前內視鏡切除術已成為早期食道癌治療的主流。

　　而內視鏡黏膜下剝離術則是以內視鏡小刀在病灶周遭劃出一個圓再切開，接著利用電刀將黏膜下層如削蘋果皮一樣做分離，將病灶完整切除下來

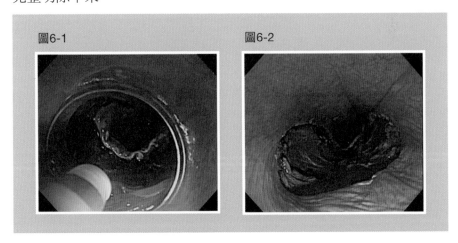

圖6-1　　　　　　　　　圖6-2

食道癌小百科：

1. 致癌的危險因子 ABCD：

根據本土研究資料，對於臺灣民眾而言，食道癌的危險因子已知有喝酒（Alcohol）、吃檳榔（Betel nut）、抽菸（Cigarette）以及缺乏代謝酒精酵素的體質（Deficiency of ALDH2），這四個危險因子合稱為「ABCD」。

其中喝酒的風險最高，罹癌風險增加8倍，若同時又缺乏代謝酒精酵素體質，則罹癌風險提升80倍，若同時暴露在ABCD四種危險因子下，罹患食道癌風險可能高達200倍。

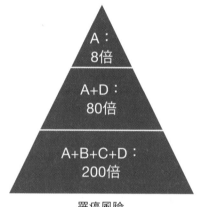

罹癌風險

2. 食道癌與頭頸部位癌症的相關性：

依據區域致癌理論，由於食道和頭頸部（口腔、口咽、下咽、咽喉）都屬於鱗狀上皮，且都暴露在相同的致癌因子下，因此食道癌與頭頸癌可能單獨出現，也可能同時發生。

根據統計，頭頸癌患者有高達10%至20%可能同時罹患食道癌，因此目前臨床醫學指引建議，新診斷出頭頸癌的患者，需要進行食道

內視鏡檢查，若是及早診斷出早期食道癌，便可利用內視鏡黏膜下剝離術根除，不用開大刀，術後恢復快，且五年存活率可達九成以上。

7. 進行性食道癌
(Advanced Esophageal Cancer)

王文倫醫師，義守大學副教授、義大醫院胃腸肝膽科主任

病例

　　57歲的男性板模工人周大哥曾經有抽菸、喝酒、吃檳榔的習慣，五年前曾因胃潰瘍出血住院，當時醫師曾經提醒他食道有一個癌前病變，但因為他沒有感覺不舒服，也就不以為意，沒有定期去追蹤。

　　半年前他開始覺得吃飯或吃肉的時候，胸口會有一點卡卡的感覺；近三個月則是連吃稀飯或喝湯都不太順暢，體重也明顯下降，雙頰逐漸凹陷。

　　因為工地工程正在趕進度，所以他遲遲未就醫，但是他的體力漸漸無法負荷粗重的工作，聲音愈來愈沙啞，甚至連喝水都容易嗆到。在老闆的勸說下，周大哥終於找上醫師。

醫師診斷

經過胃鏡檢查，醫師發現在周大哥的食道中段、距離門牙約28公分的位置有一個5公分長的腫瘤（圖1），腫瘤已經將大部分的食道管腔塞住，因此導致吞嚥困難，而這已經是進行性的食道癌。醫師進一步做病理切片檢查，確認為鱗狀細胞癌。

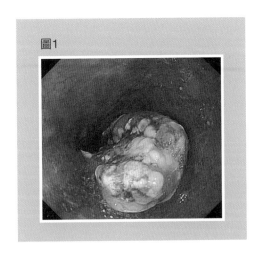

圖1

　　周大哥接著接受電腦斷層檢查進行食道癌分期，結果發現縱隔腔有淋巴結轉移，這是食道癌第三期，而且食道癌（圖2箭頭所示）已經侵犯了前方的氣管，以致無法以外科切除手術治療。

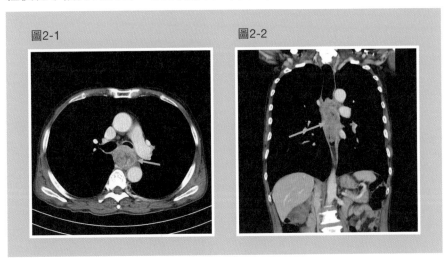

圖2-1　　　　　　圖2-2

　　又因為周大哥連喝水都會嗆到，而且狂咳不止，醫師懷疑是食道癌（圖3-1箭頭所示）在食道與氣管間形成廔管所致，所以安排了支

氣管鏡檢查，也確實在左邊支氣管發現食道-氣管廔管（圖3-2箭頭所示）。

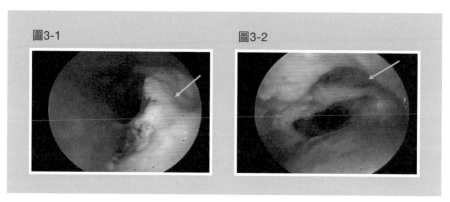

圖3-1　　　　　　　　　　圖3-2

治療方式　為了讓周大哥能順利進食並維持營養狀態，醫師建議先置放食道支架（Esophageal stenting）（圖4-2）。之後周大哥也接受放射線治療、化學治療，然而2個月後仍因肺部轉移合併肺炎，導致呼吸衰竭及敗血性休克而往生。

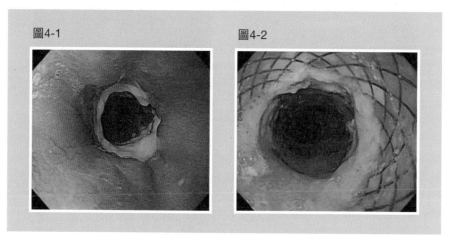

圖4-1　　　　　　　　　　圖4-2

食道癌小百科：

1. 進行性食道癌：

相對於早期食道癌，進行性食道癌是指腫瘤侵犯深度達肌肉層或更深層的位置，也就是屬於第二、三、四期的食道癌。因為食道管壁及周遭的縱膈腔，有豐富的淋巴管路迴流，因此進行性食道癌很容易發生淋巴結或遠端器官的轉移，以至於存活率非常差。

● **常見的臨床症狀**

患者會出現吞嚥困難合併體重減輕的狀況。此時腫瘤通常都很大，將食道管腔堵塞而形成吞嚥困難的症狀，且此時更可能侵犯淋巴管或血管，而發生淋巴結或遠端器官的轉移。

● **治療的基本原則**

以化學放射治療及外科切除手術為主：

病灶位置	建議治療方式
食道中、下段	先進行化學放射治療，之後再行外科切除手術
頸部食道段或直接侵犯食道周遭器官	不建議外科手術，以放射線治療、化學治療為主

此外，進行性食道癌的患者因吞嚥進食困難，因此營養狀態的維持也是重點，可根據患者狀態，選擇食道支架置放術或胃腸造廔，來維持患者的腸道營養。

2. 食道癌與周邊器官：

　　根據解剖學的位置，食道前方有氣管、支氣管，兩側有肺及肋膜，後方也靠近主動脈。當進行性食道癌進一步生長，腫瘤細胞可能穿出食道管壁，往食道周遭器官延伸侵犯。一旦食道癌侵犯周遭器官，則無法進行完整食道癌根除手術治療。

癌細胞侵犯之器官	造成之問題
氣管	可能形成氣管-食道廔管，吃東西時容易造成嗆咳，甚至導致嚴重肺炎，此時可置放食道支架，將廔管阻隔，維持進食狀態。
主動脈	可能導致主動脈-食道廔管，臨床上甚至可能出現食道大出血。

8. 巴雷氏食道
（Barrett's Esophagus，BE）

張吉仰醫師，天主教輔仁大學醫學院教授、

天主教輔仁大學附設醫院醫事副院長

病例　　47歲的蕭蕭是個事業心強的企業主管，長年飽受心口灼熱、胃酸逆流的痛苦損困，工作認真的她因為一心只想拚事業而對自己的不舒服沒有多加留意，也沒有積極處理，就這樣拖過了幾年。今年在公司每年安排的定期健康檢查下接受了胃鏡檢查，她才赫然發現狀況不妙，事情大條了。

醫師診斷　　經過檢查之後，醫師告訴她不舒服症狀的原因是她的胃食道接口處有明顯的糜爛性食道炎，另外還有長度約4公分的巴雷氏食道。剛聽到醫師說到病名的時候，她還一頭霧水，不知道什麼是「巴雷氏食道」（圖1）。

後來將檢體送病理切片檢查，證實為「巴雷氏食道，合併低度細胞異生分化」。

＊更多介紹參見第四章食道癌－三大癌情病變－巴雷氏食道

圖1-1

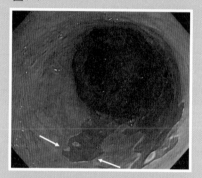

胃鏡檢查時，以白光觀察可發現在食道下端有兩條像鮭魚色變化的黏膜病灶（箭頭所示），從胃食道交界處往上延伸，長度約為4公分。

圖1-2

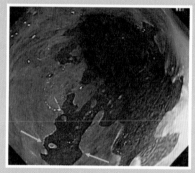

再利用窄頻影像（NBI）觀察巴雷氏食道，呈現棕色的黏膜變化（箭頭所示）。

治療方式 醫師開立了質子幫浦抑制劑的處方，同時也進行內視鏡射頻消融術（Radiofrequency ablation，RFA）治療，過程大約30至40分鐘。

蕭蕭於術後幾週回到醫院追蹤，切片檢查已無巴雷氏食道病變。（圖2）

圖2-1

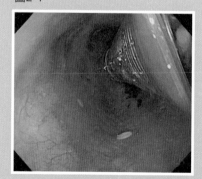

圖2-2

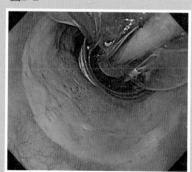

圖2-3

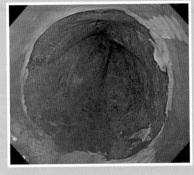

圖2-1～2-3：此為使用內視鏡射頻消融術治療之過程，經過治療後，巴雷氏食道黏膜於治療過後已然消失。

病症原因 目前在美國估計大約有10%至15%的胃食道逆流症患者合併有巴雷氏食道，胃食道逆流愈嚴重或發生的時間愈久則轉變成巴雷氏食道的機會愈高。根據統計，約有1.4%至13.6%會形成巴雷氏食道，但也有約四成左右的巴雷氏食道患者在臨床上並沒有症狀。

要特別注意的是，巴雷氏食道是癌前病變，它可以演變成食道腺癌。根據丹麥於2011年發表的大規模追蹤研究發現，巴雷氏食道的患者每年轉變成食道腺癌的發生率約0.12%，一旦產生食道腺癌後，其癒後狀況相當不好，5年的存活率約僅有10%，所以只有在早期高度異型增生或黏膜層腺癌階段先治療，才有機會提高存活率。

圖3-1

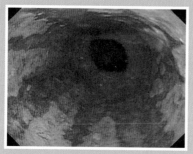

圖3-2

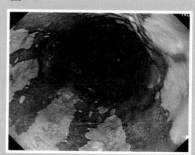

巴雷氏食道可觀察到有多條像鮭魚色變化的黏膜病灶或是棕色的黏膜變化。

 常見治療方法：

巴雷氏食道症狀程度	治療方式
單純巴雷氏食道無合併細胞異生分化者	僅需使用氫離子幫浦阻斷劑抑制胃酸控制症狀即可，但需要每三年以胃鏡檢查追蹤一次。
巴雷氏食道合併細胞低度分化、高度分化以及黏膜層早期食道癌症者	可選擇內視鏡射頻消融術（RFA），或是內視鏡黏膜切除術（EMR）、內視鏡黏膜下剝離術（ESD）等。
巴雷氏食道有結節性隆起病灶	先以內視鏡切除，再合併射頻消融術來徹底治療
巴雷氏食道已合併發生早期食道癌	手術切除

建議讀者觀察每天的作息與飲食，
若是有任何不適與異常請務必記錄下來。

NOTE

胃部常見疾病

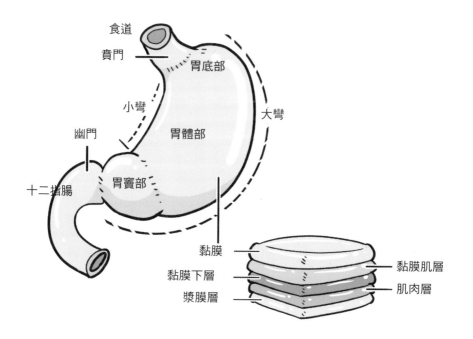

食道
賁門
胃底部
小彎
大彎
幽門
胃體部
十二指腸
胃竇部
黏膜
黏膜下層
漿膜層
黏膜肌層
肌肉層

胃部常見疾病

  9. 胃腸道急性出血內視鏡治療

10. 十二指腸潰瘍急性出血內視鏡治療

11. 十二指腸潰瘍與胃幽門螺旋桿菌

12. 胃幽門螺旋桿菌 治療失敗

13. 胃黏膜下腫瘤（Submucosal Tumor）

14. 早期胃癌（Early Gastric Cancer）

15. 進行性胃癌（Advanced Gastric Cancer）

9. 胃腸道急性出血 內視鏡治療

張吉仰醫師，天主教輔仁大學醫學院教授、
天主教輔仁大學附設醫院醫事副院長

病例　60歲的李媽媽是家庭主婦，平常健康狀況良好，沒有什麼讓子女操心的情況。但是到腸胃科診間的時候面有難色，細問之下原來是已經三天解出黑色糞便，而且臉色蒼白、四肢無力又頭暈，孩子們也覺得媽媽可能哪裡不對勁，便趕緊陪同就醫。

醫師 診斷　剛到醫院時，李媽媽的血壓為100/64 mmHg，脈搏為每分鐘跳110下，血液檢查發現血紅素已經降到8.2 g/dl。醫師緊急幫她做胃鏡檢查，發現李媽媽的胃竇部正在大量出血，並且看到一個正在冒出鮮血的血管（圖1箭頭所示）。所以診斷為胃潰瘍合併急性出血，嚴重度分類為Forrest class Ia。

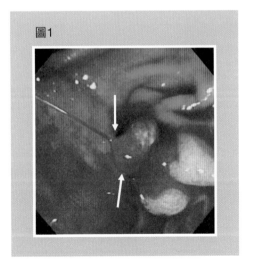
圖1

治療方式 醫師在內視鏡引導下使用止血夾夾住正在出血的小血管,成功止血(圖2)。同時,醫師也讓李媽媽住院,並使用質子幫浦抑制劑注射治療,兩天後不再解出黑色糞便,進食後也沒有不適感。住院三天後便順利出院返家。

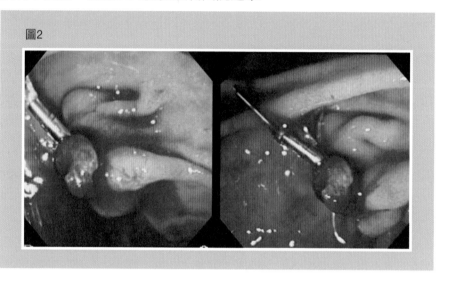

圖2

病症原因 根據出血的位置,消化道出血大致分為「上消化道出血」及「下消化道出血」。

	上消化道出血
出血範圍	十二指腸以上的胃腸器官發生問題,導致出血,是極為常見之就醫及死亡原因。
造成原因	胃或十二指腸潰瘍侵犯血管而出血,或食道靜脈瘤、胃靜脈瘤破裂出血。

　　多數的上消化道出血會自行緩解而止血，但約有20%的出血無法自行止血，往往需要藥物或其他治療才能止血，否則可能會造成出血性休克或危及生命。

圖3

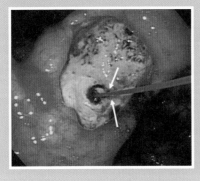

圖中位於胃角處有大片面積胃潰瘍，有一條小血管（箭頭所示）正在冒出鮮血。

　　常見治療方法 內視鏡止血術安全且成功率高，是目前治療消化道出血的首選方法，但必須完整考慮患者的整體狀況，包括意識、生命徵象及出血傾向，並配合適當的靜脈輸液、輸血及藥物治療，才能達到最佳的治療效果。若效果不佳、持續出血時，建議儘早尋求放射線科的血管栓塞術或外科手術來進行止血。消化道出血的病人可以在內視鏡檢查的同時進行止血術，直接處理出血源頭的血管或出血點，達到止血的效果。

內視鏡治療小百科：常用內視鏡止血術

最常使用的內視鏡止血術包括局部注射法、機械加壓以及熱凝固。而食道靜脈瘤破裂出血的病人則可以在胃鏡檢查的同時，直接以靜脈瘤結紮術或注射硬化劑來止血。

原理	內容	說明
局部注射法	腎上腺素（epinephrine）、生理食鹽水（normal saline）以及凝血酶（thrombin）。	利用內視鏡伸入特殊注射針，將藥物例如稀釋的腎上腺素、硬化劑、凝血酶或高濃度的酒精，局部注射在出血病灶的四周，使組織脫水，進而造成注射的部位組織變形、血管栓塞，以達到止血或避免再度出血的目的。此技術又稱內視鏡注射術（Endoscopic injection therapy）。
機械加壓	止血夾（hemoclip）	利用機械原理加壓止血。止血夾應用最廣，醫生會將止血夾張開之雙臂分別置於欲結紮的裸露血管或是要修補的黏膜裂傷之兩側，然後擊發止血夾使止血夾之雙臂緊閉而夾住血管或是黏膜，而達到止血效果。
熱凝固	熱探針（heater probe）	將熱探針、單極或多極探頭的電燒凝固止血（electrocoagulation）放至病灶處，通電後產生高溫，進而凝固止血，常用於潰瘍上有裸露之血管。
	氬氣電漿凝固術（Argon plasm coagulation）	是一項不必接觸出血點、可以轉彎進行大面積噴灑止血之內視鏡治療術。它對於腸胃道黏膜表面血管性病灶的出血，具有相當理想的療效。多用於血管增生異常、消化性潰瘍、惡性腫瘤出血。

10. 十二指腸潰瘍 急性出血內視鏡治療

張吉仰醫師，天主教輔仁大學醫學院教授、
天主教輔仁大學附設醫院醫事副院長

病例　　57歲的蔡先生是銀行經理，金融業的工作讓他過著高
壓生活，從初入行一直到升上主管職位後，只有日益加劇的緊繃
生活環繞，即便休假都難有愜意的心情。雖然疏於照顧自己的身
心健康，但幾十年下來他其實也沒有什麼大毛病。最近他發現自
己的糞便變成深褐色，加上出現頭暈、昏眩、有貧血現象，讓女
兒很擔心他的身體狀況，苦勸後將他帶至胃腸肝膽科門診求診。

醫師診斷　醫師安排他進行胃鏡檢查，結果發現十二指腸球部有潰
瘍，正在急性出血，大量鮮紅的血液蔓延十二指腸球
部，而且不斷湧出，淹沒了內視鏡的視野（圖1）。醫師初步判斷蔡
先生應該是急性上消化道出血。

　　接著利用內視鏡的沖洗設備加以沖水清洗後，再度觀察，發現有
一處十二指腸潰瘍正在滲血（圖2箭頭所示）。

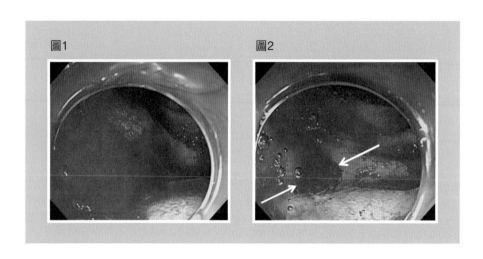

 治療方式　醫師經內視鏡使用氬氣電漿凝固止血術成功止血。

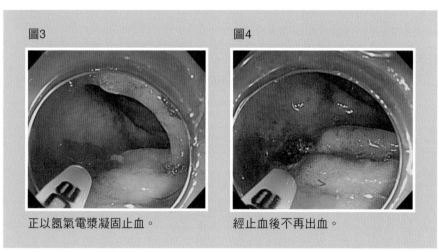

正以氬氣電漿凝固止血。　　經止血後不再出血。

內視鏡治療小百科：

消化道出血的病人，多半可在內視鏡檢查的同時進行止血術，直接處理出血源頭的血管或出血點便能達到止血的效果

最常見的原因是由胃潰瘍、十二指腸潰瘍、急性糜爛、食道靜脈瘤曲張等造成，少數是因腫瘤。

患者多半以解出黑色糞便為徵兆，若出血量較少，則可能在糞便潛血的檢查中可檢測出來。

目前醫界普遍推測造成消化道潰瘍的主因是幽門螺旋桿菌感染，或者是使用某些止痛藥例如非類固醇消炎止痛藥（NSAID）、阿斯匹靈等，因為這類藥物會間接阻礙黏膜分泌具有保護作用的黏液，而發生消化道潰瘍。

內視鏡治療小百科：氬氣電漿凝固術

氬氣電漿凝固術於西元1991年由德國學者Grund等首次用於腸胃道內視鏡的治療，利用離子化的氬氣電流形成氬氣電漿，將高周波電流導引到病灶組織，不需直接接觸病灶就能產生熱能，對組織發揮凝固止血或燒灼的功能。

內視鏡氬氣電漿凝固法提供早期消化道癌及表淺性黏膜出血病灶之燒灼治療，是許多內視鏡治療工具其中之一，在某些特殊病灶的治療上優於其他內視鏡治療術，其併發症相較於其他內視鏡治療術，發生機率低，且可在短時間的治療過程中達到預期療效。

　　氬氣電漿凝固術包括氬氧容器瓶、氬氣相容性高頻單極電流產生器、治療導管、腳踏控制器以及其他附屬器材（圖5-1）。利用腳踏控制器引起電流與氬氣的同步化並產生氬氣電漿，使鄰近組織能量上升且凝固化，表面組織因熱凝碳化後，這樣可以限制組織凝固的深度不至於太深，且限於表面組織。因此，比起其他內視鏡燒灼術，APC少有狹窄及穿孔的併發症。

　　醫師會將內視鏡由口腔或是肛門口放入，接著將內視鏡深入至病灶處。再將一支尖端配有鎢金屬的細長導管放入內視鏡操作管腔，將導管尖端放置於距離病灶約2至10毫米處，踩下踏板，燒灼直到病灶凝固碳化為止。有三種導管頭可控制電漿射出的方向，提供不同病灶治療的選擇。（圖5-2）

圖5-1

圖5-2

11. 十二指腸潰瘍與胃幽門螺旋桿菌

劉志銘醫師，臺灣大學醫學院附設醫院內科臨床教授、
癌醫分院綜合內科部主任

病例　　42歲的亞菁從大學時代就常常感覺上腹疼痛，尤其是空腹時悶痛感特別嚴重，但是疼痛的症狀在吃飽飯後就會稍微緩解。長年來，在症狀嚴重時，她只要吃抑制胃酸的藥物幾週，狀況就會改善。不料，一週前症狀再度復發，並且出現解黑便的情形，即便吃了藥也沒有用，於是亞菁便忍著痛到醫院掛號。

醫師診斷　　醫師先為她安排胃鏡檢查，發現亞菁的十二指腸前壁有幾個潰瘍，最大的潰瘍直徑約為0.7公分，而且胃竇部位有慢性發炎的情形（圖1-1、1-2）。

接著以胃切片進行快速尿素酶檢查，呈現陽性反應，顯示她的胃內有幽門螺旋桿菌感染（圖2）。

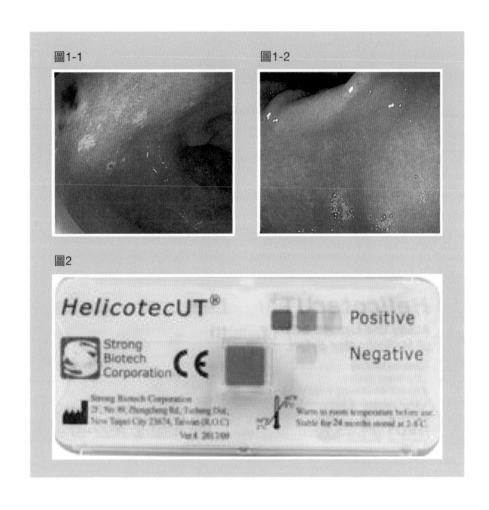

圖1-1

圖1-2

圖2

治療方式 確定診斷後醫師給予「非鉍劑四合一處方」。它含有：質子幫浦抑制劑、克拉黴素（Clarithromycin）、amoxicillin、metronidazole的序列四合一療法，一共治療14天。

除菌兩個月後，亞菁再次接受幽門螺旋桿菌碳13呼氣測試，結果顯示為陰性，而且她腹部不適的症狀顯著改善，潰瘍也沒有再復發。

幽門螺旋桿菌是一種革蘭氏陰性細菌，長度約2至4微米，由於它具有特殊的螺旋結構及鞭毛，能夠鑽入胃黏液而達到胃黏膜上。

此外，幽門螺旋桿菌也可分泌大量的尿素酶並將其轉化為鹼性的氨以中和胃酸，形成一層堅固的防護壁壘於菌體四周，防止胃酸的侵蝕，因此幽門螺旋桿菌可以長期存活在胃部，並造成胃部的發炎及相關疾病。

 非鉍劑四合一處方中，主要是抗微生物藥品，包括 amoxicillin, clarithromycin, metronidazole, levofloxacin, tetracycline等。而鉍劑其主要成分為三鉀雙檸檬酸鉍鹽（tripotassium dicitrate bismuthate）。

兩大類的給藥方式都很複雜，卻是幽門螺旋桿菌除菌的重要療法，需要患者耐心配合接受完整治療，方能康復如常。

藥物小百科：除菌治療藥物

藥物名稱		主要成分	適用範圍	注意事項
非鉍劑	抗微生物藥物	amoxicillin	幽門桿菌感染症、胃潰瘍、十二指腸潰瘍	對青黴素過敏者不宜使用。
		clarithromycin		副作用包括腹瀉、噁心及嘔吐。重症肌無力症或腎或肝功能不佳者不宜使用。
		metronidazole	幽門桿菌感染症、胃潰瘍、十二指腸潰瘍	副作用包括蕁麻疹、舌頭或喉嚨腫脹。神經疾病和嚴重肝功能不佳者不宜使用。
		levofloxacin		副作用包括皮疹、蕁麻疹、胸痛、呼吸或吞嚥困難、偶有引發心律不整。
		tetracycline		副作用包括胃痛、腹瀉、噁心和嘔吐。孕婦、兒童不宜服用。
鉍劑		三鉀雙檸檬酸鉍鹽（tripotassium dicitrate bismuthate）		常見副作用包括噁心或嘔吐，服藥期間糞便可能呈現灰色，腎功能異常者請勿服用。

12. 胃幽門螺旋桿菌治療失敗

劉志銘醫師，臺灣大學醫學院附設醫院內科臨床教授、
癌醫分院綜合內科部主任

病例　49歲的李強工作忙碌，認真負責的態度讓他總是三餐幾乎都在便利商店、小吃攤草草解決，有時甚至忙到忘記吃飯，回到家洗了澡便睡了，雖然不抽菸、很少喝酒，但是家人其實很擔心李先生把身體累出毛病。最近五年來，他經常覺得胃腸不舒服，也有上腹疼痛的情況，期間也有至醫院接受胃鏡檢查，並服用藥物。

醫師診斷　這次李強因不適再次就診並進行胃鏡檢查，竟然發現他的胃部有直徑約1.2公分的潰瘍，以及胃幽門螺旋桿菌感染的情況（圖1）。

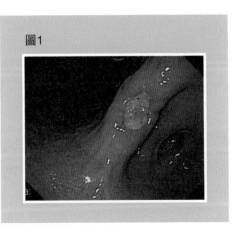
圖1

首先必須抓緊時間進行除菌治療，醫師給予傳統的胃幽門螺旋桿菌三合一處方，包括質子幫浦抑制劑、amoxicillin及clarithromycin，共服藥一週。但是李強在接受兩次幽門螺旋桿菌的除菌治療後，碳13尿素呼氣測試顯示他胃裡的幽門螺旋桿菌仍然存在，除菌治療並未成功。

胃鏡檢查：

因此，醫師將李先生轉介到醫學中心，安排再一次的胃鏡檢查，同時做了切片檢查。將取得之胃組織送到實驗室進行胃幽門螺旋桿菌培養（圖2）。

圖2

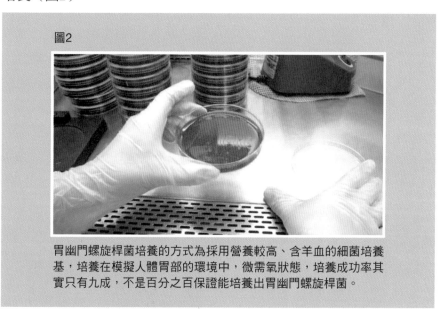

胃幽門螺旋桿菌培養的方式為採用營養較高、含羊血的細菌培養基，培養在模擬人體胃部的環境中，微需氧狀態，培養成功率其實只有九成，不是百分之百保證能培養出胃幽門螺旋桿菌。

幽門螺旋桿菌抗生素敏感性測試

待細菌培養結果出來，再進一步做幽門螺旋桿菌抗生素敏感性測試（圖3）。

圖3

胃幽門螺旋桿菌抗生素敏感性測試的
作法是，將培養成功的桿菌放入不同
濃度的抗生素試紙，分析其抗藥性，
所以較耗時。

分子檢驗：

同時醫師也將胃切片組織，以分子檢驗方式直接進行抗藥性基因
的聚合酶連鎖反應（Polymerase Chain Reaction，PCR）及定序分析。

圖4

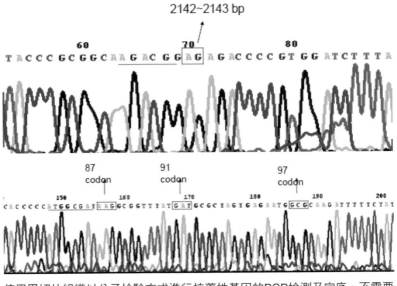

使用胃切片組織以分子檢驗方式進行抗藥性基因的PCR檢測及定序，不需要
透過細菌培養，就可以分析胃幽門螺旋桿菌的抗藥性。

＼ 什麼是分子檢驗？ ／

由醫師從個體培養出胃幽門螺旋桿菌，分析其中核酸藥物基因的變異來判斷其對抗生素是否具敏感性，鑑定抗藥性基因成功率可達98%，約3至7七天便可完成，但是僅有clarithromycin及levofloxacin這兩類藥物的抗藥性基因準確率較高，約90%。

透過抗藥性基因的檢測，發現李先生胃部的胃幽門螺旋桿菌對於他之前服用的clarithromycin以及levofloxacin出現抗藥性，因此醫師給予標準的鉍劑四合一處方，包括質子幫浦抑制劑、鉍劑、四環黴素及metronidazole，療程14天。

兩個月後李先生接受碳13尿素呼氣測試結果顯示為陰性，代表除菌治療終於成功了！他的症狀顯著改善，胃潰瘍也沒有再復發。李強好不容易重獲健康，尤其經歷了除菌失敗的經驗，他也下定決心要改變自己的生活方式和調整人生腳步，希望能維持健康，用更多的時間陪伴家人。

救援治療　難治性胃幽門螺旋桿菌的救援治療時間最好維持14天，並可考慮用較高劑量的質子幫浦抑制劑，以達較佳之抑制胃酸效果。或者使用四合一處方療法，合併使用四種藥物包括鉍劑四合一處方或非鉍劑四合一處方。

面對難治性胃幽門螺旋桿菌時，可以選擇抗生素可依據抗藥性分析結果，或是依過去曾經使用過的抗生素歷史。

若依抗藥性敏感性測試選藥，比起依據經驗來選藥能提高5%至

10%的除菌成功率，但需要再一次接受胃鏡檢查及切片，以進行胃幽門螺旋桿菌培養和抗藥性分析。平均而言，救援治療可達到80%至85%的除菌成功率。

 治療小教室：為什麼幽門螺旋桿菌會除菌失敗呢？

導致胃幽門螺旋桿菌除菌治療失敗的常見原因包括：

1. 細菌對抗生素有抗藥性
2. 未遵從醫囑服藥
3. 治療時間不足
4. 藥物代謝基因有個體差異，導致抑制胃酸不足等

根據統計資料，在臺灣，第一線及第二線藥物治療失敗的比例大約為10%至20%，大約有3%至5%的感染者在歷經兩次的除菌治療後仍然無法成功。

最近的研究報告顯示臺灣的胃幽門螺旋桿菌針對常見治療藥物的抗藥性比例如下，因此未來需要更落實合理使用抗生素之規範，包括在未經醫師處方下，不建議民眾自行購買及服用抗生素，唯有如此才能遏止抗藥性盛行率持續上升，否則等到真正需要用藥時，將面臨無抗生素可用的窘境。

Clarithromycin的抗藥性	約18%
Metronidazole的抗藥性	約25%至30%
Levofloxacin的抗藥性	約18%

13. 胃黏膜下腫瘤
(Submucosal Tumor)

鄭祖耀醫師，臺灣大學醫學院副教授、台大醫院癌醫中心檢醫部主任

病例　　劉姐今年45歲，沒有菸酒嗜好，晚餐後都會公園散步，健康狀況良好。近期因為偶爾會覺得上腹部不舒服，不至於太嚴重，隱約覺得和胃痛、胃脹的感覺很像。後來她想一想，覺得不放心，還是到醫院消化內科求診。

醫師診斷　　經醫師建議後，劉姐接受胃鏡檢查，結果發現胃體部上方有一個直徑約3公分的黏膜下腫瘤（圖1）。

進一步以內視鏡超音波檢查，發現是一顆直徑約2.9公分，位於肌肉層、不均質的低迴音性腫瘤（圖2）。

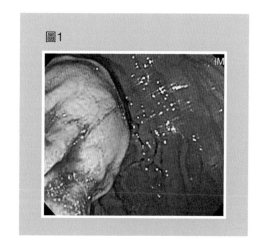

圖1

　　最後醫師再以高解析度血流內視鏡超音波（High resolution flow EUS）探查，結果顯示該腫瘤為高血管性的腫瘤（圖3），透過彈性內視鏡超音波（EUS elastography）評估組織硬度時，發現腫瘤質地偏硬（圖4）。

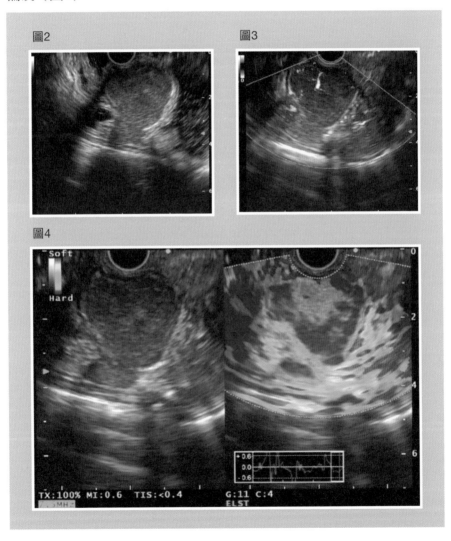

圖2

圖3

圖4

對比增強諧波內視鏡超音波（Contrast enhanced harmonic EUS），呈現清楚的腫瘤邊界，腫瘤內部則有著不均質的對比增強。

圖5

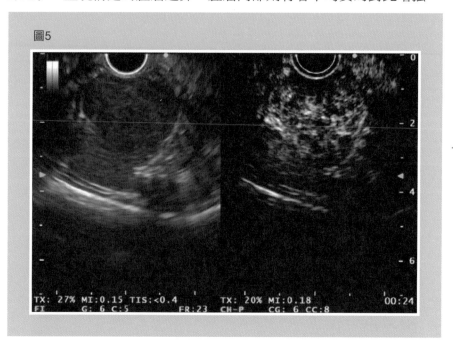

TX: 27% MI:0.15 TIS:<0.4　　TX: 20% MI:0.18　　　00:24
FI　　G: 6 C:5　　FR:23　CH-P　CG: 6 CC:8

劉姐同意接受組織取樣，於是進行內視鏡超音波導引細針切片術（EUS-guided fine needle biopsy），病理診斷確認為胃腸基質細胞瘤（gastrointestinal stromal tumor，GIST）。

治療方式　確定診斷後，醫師安排外科手術切除。經腹腔鏡楔狀切除術將腫瘤完整切除，住院休養並觀察一週後，劉姐順利出院。

手術取下的腫瘤病理報告中顯示，腫瘤大小雖然只有3公分，但發現細胞分裂比率偏高，因此採取術後輔助性療法，因此醫師開給劉

姐400毫克的標靶藥物imatinib處方。

目前劉姐定期進行門診追蹤已經5年，影像檢查看起來無復發跡象。

 藥物小百科：治療胃黏膜下腫瘤之藥物

藥物種類	主要成分及代表性藥品學名	適用範圍	副作用
標靶藥物	酪氨酸激酶抑制劑，例如imatinib	胃腸基質細胞瘤	體液滯留（眼眶周圍、四肢水腫）、腹瀉、嘔心、疲倦、肌肉痙攣、腹痛、皮疹

＼ 胃腸基質細胞瘤小教室 ／

什麼是黏膜下腫瘤？

消化道是個具有多層結構的器官，腸壁可以分為黏膜層、黏膜下層、肌肉層，部分消化道的肌肉層外還有一層漿膜層。源發於消化道黏膜層下方各層之腫瘤，一般統稱為「黏膜下腫瘤」。

常見的黏膜下腫瘤

包括胃腸基質細胞瘤、平滑肌瘤、類癌、神經膜纖維瘤、脂肪瘤、異位性胰腺、血管瘤等，發生在胃部最常見的黏膜下腫瘤，就是胃腸基質細胞瘤。

胃腸基質細胞瘤

　　是一種常見的黏膜下腫瘤，可以發生在胃部，但是卻和胃癌是完全不同的腫瘤，約有60%到70%的胃腸基質細胞瘤發生在胃部。胃腸基質細胞瘤發生的年齡層很廣，從嬰兒到老人都有可能。

　　胃腸基質細胞瘤的腫瘤行為差異很大，多數就像良性腫瘤，可以追蹤觀察，不用治療，但是一部分的胃腸基質細胞瘤卻像惡性腫瘤一般，不但可能有轉移至遠端的風險，即便在治療之後，還是有復發的可能性。當腫瘤大於10公分，細胞分裂比率偏高大約每50個高放大視野有超過5個細胞分裂，轉移的機會就會超過86%，這時治療策略就要非常積極。

　　　　　　　大部分的胃腸基質細胞瘤都是意外發現，因為往往沒有任何症狀，多半是健康檢查或其他原因接受內視鏡檢查而被發現。此類腫瘤如果會造成症狀，經常是因為長在腸胃道較狹窄處，進一步阻塞消化道而產生症狀。有些腫瘤快速生長，產生糜爛、潰瘍而併發出血現象才被發現。當腫瘤直徑超過5公分，容易產生症狀；也可能會摸到腹部腫塊、腹痛、噁心、嘔吐、厭食，以及容易有飽足感。

內視鏡影像：

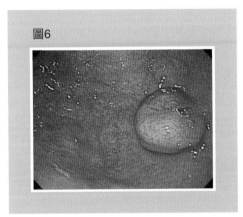

圖6

　　胃腸基質細胞瘤在內視鏡下呈現球形或半球形的隆起，表面光滑，部分體積較大的腫瘤會在表面出現潰瘍，看起來就像一個火山口。如果僅利用上消化道內視鏡，無法區別各種黏膜下腫瘤，必須利用內視鏡超音波術才能夠比較精確地鑑別。

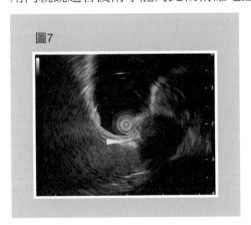

圖7

　　內視鏡超音波是診斷胃腸基質細胞瘤相當重要的工具，可以將消化道腸壁的各個分層清楚地顯示出來，在內視鏡超音波下，呈現一個

低迴音的表現，一般是從第四層（固有肌層）長出來，也有少部分是源自於第二層（黏膜肌層）。

 常見治療方式 腫瘤大小是一個決定胃腸基質細胞瘤是否需要治療的重要參考指標。

胃腸基質細胞瘤狀況	治療急迫性
小於2公分	可以選擇觀察，如果腫瘤大小並未增加，可以不必急著治療。
直徑超過2公分以上，或是內視鏡超音波檢查呈現一些惡性變化的徵象（如腫瘤呈現分葉、異質化或有鈣化點）	強烈建議考慮治療。

治療局限在局部的胃腸基質細胞瘤時，以完整切除腫瘤的手術治療為原則。不過因為消化道內視鏡的進步，這類的黏膜下腫瘤也可以用內視鏡的方式切除。

內視鏡的方法包括了內視鏡黏膜下剝離術、內視鏡全層切除術、內視鏡黏膜下隧道腫瘤切除術。其中，內視鏡黏膜下剝離術可以將胃腸基質細胞瘤從黏膜下層一刀一刀地剝離開來，完整地切除腫瘤。

當腫瘤出現復發或是轉移的現象時，必須考慮使用標靶藥物治療，目前治療胃腸基質細胞瘤的主要標靶藥物是主要成分為imatinib（商品名為Glivec）。

14. 早期胃癌
（Early Gastric Cancer）

王文倫醫師，義守大學副教授、義大醫院胃腸肝膽科主任

病例　55歲李先生是一位科技業的高階主管，五年前曾因胃痛就診，診斷為胃潰瘍合併幽門桿菌感染。當時他接受過三個月的潰瘍藥物治療，但是因為擔心服用抗生素的副作用，所以並沒有完成胃幽門螺旋桿菌的整個根除療程。李先生平時偶爾交際應酬，並無抽菸或酗酒的習慣，健康狀況大致良好。

不過在最近一次公司提供的主管全身健康檢查裡，因為自己曾有胃潰瘍的病史，所以李先生選擇增加「無痛式胃鏡檢查」項目，結果在胃竇大彎處醫師發現一個直徑約1.5公分的紅色病灶（圖1箭頭所示），於是李先生進一步至腸胃科求診。

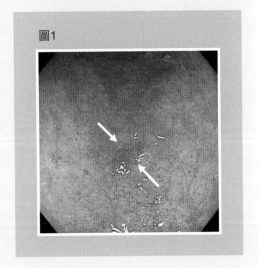

圖1

**醫師
診斷** 醫師為了更仔細觀察病灶，利用可放大100倍的擴大內視
鏡（Magnifying endoscopy）結合窄頻影像確認，結果顯
示病變和正常黏膜有明顯的界線（圖2-1、2-2），出現網狀型態、粗
細不一的異常血管（圖2-3）。

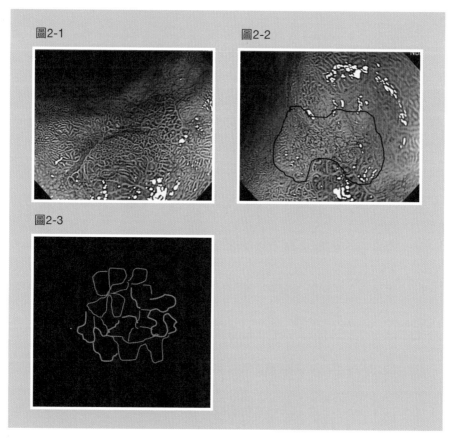

圖2-1

圖2-2

圖2-3

　　李先生被告知可能罹患早期胃癌。再經過內視鏡病理切片及腹部
電腦斷層檢查，幸好沒有淋巴結擴散或遠端轉移的情況，故確診為臨
床分期第一期的胃癌。

治療方式 確定診斷後，醫師建議李先生可以考慮內視鏡治療或傳統外科胃切除手術。內視鏡治療的優點為可以把腫瘤完整切除，而且能保存胃部，為目前治療早期胃癌的主要趨勢，臺灣醫師經驗及技術也都已達國際水準。

李先生和家人討論後，他決定接受「內視鏡黏膜下剝離術」治療（圖3），這是產生最小傷口的方式。

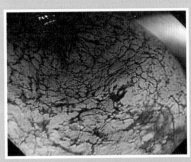

圖3-1：利用藍色染劑將病灶邊界凸顯。

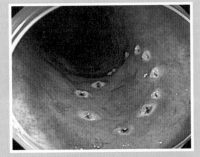

圖3-2：以電燒方式在病變周圍作標定。

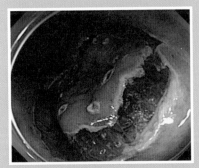

圖3-3：利用內視鏡針刀先在病灶邊緣進行環狀黏膜切開，再於病灶黏膜下層注射玻尿酸溶液，確實地將病灶與黏膜下層分離。

圖3-4：再以內視鏡針刀進行黏膜下層的剝離，最終將病灶完整切除。

手術結束後，醫師將切除下來的病灶檢體檢送去進行病理分析，結果顯示為分化良好的第I期胃癌。

李先生不需再追加任何治療，也沒有任何併發症，三天後順利出院。兩個月後內視鏡追蹤，傷口完全癒合，呈現完全痊癒的狀態。

圖4

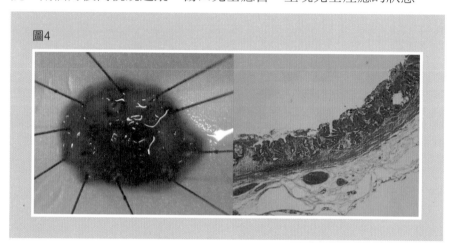

病症原因 飲食是導致胃癌的主要危險因子之一。煙燻或浸漬的食物常含有硝酸鹽，會轉變成亞硝酸鹽，因此愛吃含醃漬肉類與燒烤食物的人容易引發胃癌，太鹹的食物也可能增加罹患胃癌的機會。

其他危險因素包括胃幽門螺旋桿菌、抽菸、做過胃切除手術、萎縮的胃黏膜、腸黏膜化生等，都可能增加罹癌機率。感染胃幽門螺旋桿菌者罹患胃癌風險比一般人高2.6至6倍。

另外，若是家族有胃癌基因的人也屬於群胃癌的高危險族群，但是這類家族在台灣很少。

 **胃癌小百科：**

1. 導致胃癌的危險因子

危險因子	說明
性別	男性的胃癌發生率高於女性。
年齡	胃癌好發於老年人。
感染	幽門螺旋桿菌感染、Epstein-Barr病毒感染
飲食習慣	常食用過多的鹽、醃製或煙燻的食物、缺乏攝取新鮮的蔬菜水果
生活型態	抽菸、喝酒、缺乏運動
相關疾病	胃潰瘍、胃食道逆流、曾經接受胃部分切除手術
家族史	有一等親罹患胃癌之家族史

2. 胃癌可為早期胃癌與進行性胃癌：

	早期胃癌（胃癌0-1期）	進行性胃癌／晚期胃癌（胃癌2-4期）
癌細胞侵犯的深度	癌細胞僅侵犯至黏膜層或黏膜下層，不論有無淋巴結轉移	癌細胞已侵犯至肌肉層
存活率	早期胃癌五年存活率可高達90%以上	進行性胃癌的五年存活率僅約10%

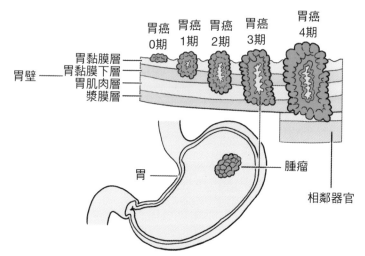

胃壁 胃黏膜層 胃黏膜下層 胃肌肉層 漿膜層

胃癌 0期 胃癌 1期 胃癌 2期 胃癌 3期 胃癌 4期

胃 腫瘤 相鄰器官

早期胃癌的病灶僅局限於胃黏膜層或胃黏膜下層。進行性胃癌的病灶已侵犯到胃肌肉層、漿膜層或相鄰器官。

＊早期胃癌的早期診斷：

　　早期胃癌的症狀並不明顯，大多數人可能只有輕微的上腹部疼痛、腹脹、消化不良、噁心想吐等症狀，因此很容易被忽視，這也是胃癌不易早期診斷出來的主要原因。一旦有上腹痛、胃出血、胃部不適、胃酸逆流、體重減輕的症狀才照胃鏡，可能已經是末期胃癌了。

　　診斷胃癌最好的方式就是接受胃內視鏡（胃鏡）檢查。很多早期胃癌都是在全身健檢時，做胃鏡檢查意外發現，一如案例中的李先生，因此定期照胃鏡是發現早期胃癌的不二法則。

15. 進行性胃癌
（Advanced Gastric Cancer）

李宜家醫師，臺灣大學醫學院內科臨床教授、
台大醫院醫學研究部副主任

病例　　陳先生剛過65歲生日，平常身體健康，沒有慢性病病史，也沒有抽菸或喝酒習慣。半年前開始出現上腹不適情形，曾經到藥局購買成藥服用，自覺不舒服的症狀略有改善。然而，直到就醫前一個月起，他開始有進行性的腹脹感，脹痛感越來越強烈，而且食欲變差，經常感覺噁心，於是決定到醫院接受進一步診治。

醫師診斷　　醫師幫陳先生做胃鏡檢查時，發現胃體部有一個直徑約5公分、邊緣隆起、中央有潰瘍的腫瘤（圖1、圖2、圖3、圖4），組織切片後的病理檢查確診為胃癌。

　　再進一步施行腹部電腦斷層掃描後，確認胃體部有腫瘤，而且已經有腹膜轉移、合併有腹水等嚴重的情況（圖5）。

圖1　圖2

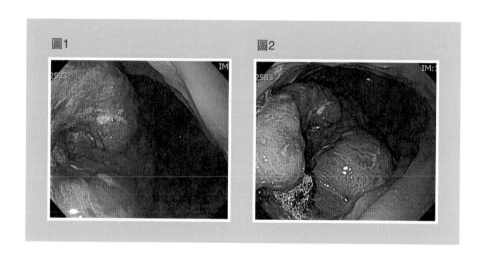

治療
方式　陳先生確診為末期進行性胃癌後，隨即開始接受化學治療，使用藥物為化學治療藥品oxaliplatin加上leucovorin與fluorouracil（三者並稱FLO）。

圖3　圖4

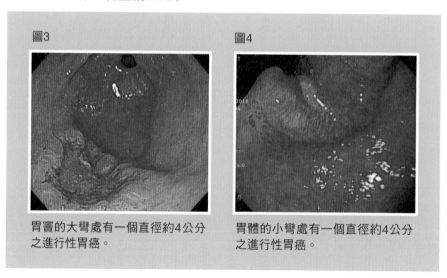

胃竇的大彎處有一個直徑約4公分之進行性胃癌。

胃體的小彎處有一個直徑約4公分之進行性胃癌。

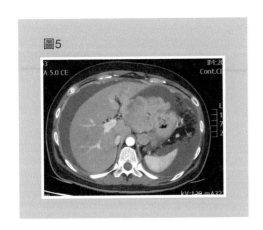

圖5

藥物小百科：化療常用治療藥物

第IV期（末期）胃癌患者，臨床經驗中多半考慮使用各種藥物控制，包括化學治療藥物（Fluorouacil、Platinum及Taxane）、標靶藥物（Herceptin、Cyramza）及免疫治療藥物（Opidivo、Keytruda）等。

藥物種類	主要成分及代表性藥品學名	適用範圍	注意事項
化療藥物	5-fluorouracil（5-FU）	胃癌、大腸直腸癌	副作用包括噁心、嘔吐、腹瀉、黏膜炎、骨髓抑制及手掌腳趾紅斑性脫皮的手足症群。
	capecitabine		不宜用於重度肝功能不全、重度腎功能不全、重度白血球減少症、無dihydropyrimidine dehydrogenase（DPD）活性者。

藥物種類	主要成分及代表性藥品學名	適用範圍	注意事項
化療藥物	Tegafur/uracil	食道癌、胃癌、大腸直腸癌	不宜用於嚴重骨髓抑制、嚴重腹瀉、嚴重感染合併症者，懷孕或可能懷孕婦女亦不宜使用
	Tegafur/Gimeracil/Oteracil（TS-1）		TS-1之劑量限制毒性為骨髓抑制、可能發生猛爆性肝炎等，用藥期間宜適當監測
	Cisplatin、oxaliplatin、carboplatin		多次注射後會有周邊感覺麻麻的神經病變
	Irinotecan（CPT-11）		副作用為骨髓抑制、周邊神經毒性及掉髮
	Paclitaxel、Docetaxel		副作用為骨髓抑制和腹瀉
標靶藥物	針對人類表皮生長因子接受體第二型（HER-2）的單株抗體、例如Trastuzumab	HER-2過度表現之食道腺癌、胃癌、大腸直腸癌	副作用包括類感冒徵候、腹瀉、嘔吐、輕度心臟衰竭、呼吸短促。使用此藥需監測心肺功能。
	針對血管內皮生長因子（VEGF）的單株抗體，如Ramucirumab、Bevacizumab	胃癌、大腸直腸癌	可能會有高血壓、蛋白尿、血管栓塞及影響傷口癒合等副作用
免疫檢查點抑制劑	針對細胞程式死亡配體-1（PD-L1）的單株抗體，如Pembrolizumab、Nivolumab	食道癌、胃癌、及高微衛星不穩定（MSI-H）之大腸直腸癌。	常見副作用如皮疹、搔癢、關節疼痛、腹瀉等，嚴重為肺、大腸、肝、腎及腦垂體的發炎反應

胃癌小百科：進行性胃癌的治療方式

胃癌程度	第I期至第III期胃癌治療	第I期至第III期胃癌
治療方式	首重手術。 根據癌症擴散的範圍，採取切除或部分胃切除手術，加上淋巴廓清術。手術可選擇傳統的開腹手術，或是傷口較小的腹腔鏡手術。	接受完整手術清除胃癌後，需繼續進行化學治療，以降低胃癌復發風險

　　手術無法完全清除胃癌病灶之患者，可考慮接受術後放射線治療，以降低胃癌局部復發風險。

建議讀者觀察每天的作息與飲食，
若是有任何不適與異常請務必記錄下來。

NOTE

腸道常見疾病

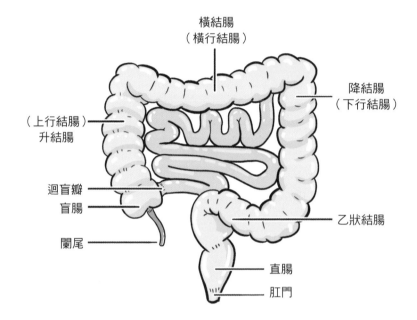

橫結腸
（橫行結腸）

降結腸
（下行結腸）

（上行結腸）
升結腸

迴盲瓣
盲腸

闌尾

乙狀結腸

直腸
肛門

腸道常見疾病

16. 小腸瘜肉出血（Small Intestine polyp Bleeding）

17. 潰瘍性結腸炎（Ulcerative Colitis）

18. 克隆氏症（Crohn's Disease）

19. 大腸瘜肉（Colon polyp）

20. 大腸神經內分泌腫瘤（Colon Neuroendocrine Tumor）

21. 大腸管狀絨毛腺瘤（Villous Adenoma）

22. 早期大腸癌及大腸腺瘤

23. 進行性大腸癌（Advanced Colorectal Cancer）

24. 內視鏡胃袖整形術（Endoscopic Sleeve Gastroplasty）

16. 小腸瘜肉出血
（Small Intestine Polyp Bleeding）

涂佳宏醫師，台大醫院胃腸肝膽科主治醫師

病例

85歲秦奶奶大約半年前忽然解出深黑色糞便，而且持續了好幾天，家人擔心是胃出血所以將她緊急送到急診。子女說秦奶奶自十年前中風後就長期臥床，表達能力退化，但從旁觀察，似乎沒有腹痛或噁心等其他症狀，也沒有影響正常食欲。

急診醫師替她安排了緊急胃鏡，但沒看到出血，也沒有找到任何可能造成出血的病灶。因此進一步安排大腸鏡檢查以排除大腸出血源的可能，但同樣地也沒有發現任何問題。

儘管不清楚為什麼秦奶奶解出黑便，但她到院幾天之後逐漸改善，在沒有針對病因任何治療下，糞便顏色竟恢復正常。雖然之後一段時間又陸續有好幾次的解黑便情形且自行恢復，但類似的狀況發生愈來愈頻繁，伴隨持續惡化的貧血，嚴重時甚至需要送到醫院輸血。

直到近日，再度出現黑便，並且貧血狀況達到最嚴重的一次，血紅素濃度只有6.7 mg/dL，需要緊急輸血。

醫師安排了第二次的胃鏡與大腸鏡檢查，但依然沒有找到出血源，於是懷疑出血源頭可能位於胃鏡與大腸鏡都沒有辦法深入到達的小腸，因此轉介到醫學中心做小腸檢查。

醫師
診斷
從電腦斷層開始著手,仍然沒有發現小腸有任何異常。

為了進一步排除較小型隱藏病變的可能性,接著再安排膠囊內視鏡(video capsule endoscopy,VCE)檢查。

考量病人有吞嚥困難的中風後遺症,無法如一般病人一樣自行吞入膠囊攝影機,所以醫師採用胃鏡攜帶膠囊的方式,直接將膠囊放入十二指腸。

圖1

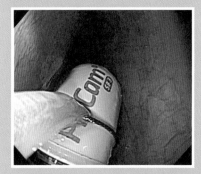

胃鏡的鏡頭前方伸出金屬線圈,套住膠囊攝影機,再進入食道。這種方法用於無法安全吞入膠囊的病人。

圖2

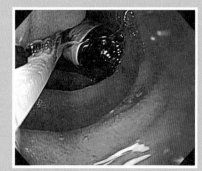

胃鏡綁住膠囊,直接送入十二指腸深處再釋放。這是胃鏡深度的極限,跳過本來需要停滯在胃部的時間,將有限的電池續航力保留給漫長的小腸檢查旅程。

在膠囊內視鏡視野下,終於發現在秦奶奶的小腸深處藏著一個瘜肉狀的病變(圖3箭頭所示、圖4)。

醫師進一步安排了單氣囊內視鏡(single-balloon enteroscopy)檢查。因為先前做膠囊內視鏡檢查時已知病灶位於小腸的上半段某處,所以醫師決定以單氣囊內視鏡由經口路徑進入小腸,結果在通過胃部大約150公分處發現了目標病灶(圖5、圖6、圖7)。

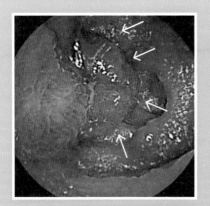

圖3：在單氣囊小腸鏡檢查中發現這是一個有莖柄的瘜肉。膠囊內視鏡發現小腸上半段某處一個瘜肉狀的病灶（箭頭所示）。

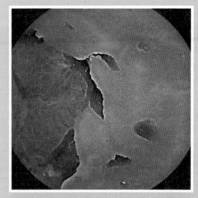

圖4：在單氣囊小腸鏡檢查中發現這是一個有莖柄的瘜肉。瘜肉所在位置，腸液和腸氣較少，小腸管腔自然皺縮，因而難以清楚觀察病變全貌。

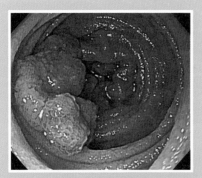

圖5：單氣囊小腸鏡發現小腸上半段深處的瘜肉，位置和外型特徵與膠囊內視鏡檢查結果相符合。

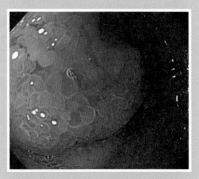

圖6：詳細觀察瘜肉表面，可見多處裂縫狀潰瘍。

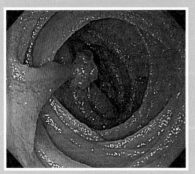

圖7：在單氣囊小腸鏡檢查中發現這是一個有莖柄的瘜肉。

治療方式 　仔細觀察病灶，發現是一個有莖柄的瘜肉，約2.5公分大，這樣的形態可以用內視鏡完全切除，因此醫師當場決定完整切除，並且送病理檢查。

　　檢查結果為一種稱為錯構瘤（hamartoma）的良性腫瘤，經確認已經完全切除了，無需追加治療。將瘜肉切除後，秦奶奶再也沒有解出黑便，三個月後血紅素即恢復正常，治療效果立竿見影。

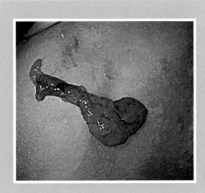

圖8：切除後瘜肉的全貌。

＼ 錯構瘤小教室 ／

　　錯構瘤是指某一器官內正常組織在發育過程中，出現錯誤的排列組合，因而導致的類似腫瘤的畸形，所以它不是真性腫瘤。錯構瘤生長緩慢，隨發育而增大，但增大到一定程度即會停止，極少變為惡性癌症。

消化道包括食道、胃、小腸與大腸，由於內視鏡儀器和技術的進步，內視鏡檢查已經成為診斷和治療食道、胃、十二指腸和大腸疾病的重要工具。

然而，小腸疾病仍是最棘手的問題，因為它的長度約4到6公尺，且位於腸胃道的深處，一般的內視鏡並無法到達小腸，故小腸疾病的診斷和治療仍然非常困難，而膠囊內視鏡的發明使醫師有機會可以完整檢查整個小腸。

膠囊內視鏡雖然可以發現小腸的可疑病灶，但仍無法清楚判斷病變的性質、形狀、大小，也不能切片取樣。沒有這些資料，就難以決定是否需要手術治療。即使需要手術，外科醫師恐怕也很難從5公尺長的小腸中正確地找到病灶位置。為此，醫師進一步安排了單氣囊內視鏡檢查。

小腸病變往往需要藉助膠囊內視鏡或氣囊小腸鏡，才有辦法做正確的診斷與治療。膠囊內視鏡的優點在於檢查過程簡便，患者只需吞服膠囊就可完成檢查；氣囊小腸鏡可以直接到達小腸病變處做病理切片、確定診斷，或者是直接做內視鏡止血治療。兩者其實相輔相成，是醫師診斷小疾病的兩大利器。

17. 潰瘍性結腸炎
（Ulcerative Colitis）

涂佳宏醫師，台大醫院胃腸肝膽科主治醫師

病例　小婷是28歲的上班族，兩個月前換了新工作，自那時期便開始覺得肚子脹氣不舒服，上廁所出現了軟便狀況。起初她認為是因為新工作帶來的壓力造成，相信過一段間適應新公司後就會改善。然而一週後，症狀不但沒有改善，反而逐漸惡化，每天需要跑廁所少說五次以上。症狀持續到小婷求診的前一週，她每天至少拉肚子十次，伴隨容易疲勞、怕冷，無法專心。她開始懷疑自己是不是真的生病了？但才剛換工作，她還是隱忍著繼續上班。

情況一天天惡化，腹瀉時甚至可見混合著鮮血的糞便，或是解出混著黏液的血塊，多次感覺便意時候幾乎來不及趕到廁所。最嚴重的時候，她已經數不清楚每天上幾次廁所，而且每次總覺得解不乾淨，或是解出少量黏液後不敢離開廁所，只能繼續坐在馬桶上等待下一波的排便衝動。

情況已經嚴重到無法繼續上班，小婷只好請假到醫院求診。

醫師診斷　胃腸科醫師在很短的時間內為她安排了大腸鏡檢查，檢查結果顯示小婷的大腸有嚴重的發炎情況，判斷為潰瘍性結腸炎。

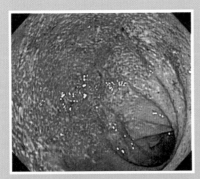

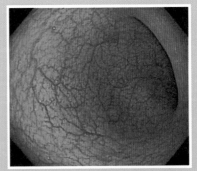

圖1：大腸鏡下可見小婷的直腸黏膜全面紅腫，伴隨著密布的微小出血點和黃白色點狀膿液。

圖2：此為另一健康受檢者的正常直腸狀況。和圖1對照，正常的直腸表面平滑，可見到清楚的微血管網絡。

　　醫師替她做了黏膜切片取樣，病理檢查結果也符合潰瘍性結腸炎的特徵。在做大腸鏡檢查的同時，也發現發炎部位並非全部的大腸，而是靠近肛門那一端的直腸和乙狀結腸，約占大腸全長一半，較深處的橫結腸、升結腸很健康（圖3）。

圖3-1　　　　　　　　　　　　圖3-2

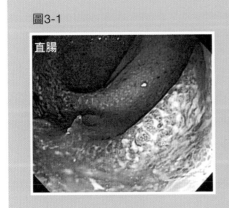

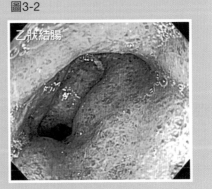

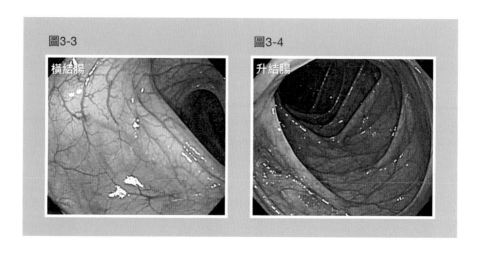

圖3-3　橫結腸　　圖3-4　升結腸

治療方式

　　由於症狀急迫，醫師在完成大腸鏡檢查後隨即開始進行藥物治療，包括口服的5-ASA抑制黏膜發炎藥物（5-aminosalicylic acid）、口服類固醇（prednisolone）、經肛門灌腸藥水（成分同樣是5-ASA）。

　　小婷在藥物治療開始不到24小時就明顯感受到效果，第二天便恢復了一些精神和體力，開始會有飢餓感。更重要的是，終於不再永無止境地追著廁所跑了。雖然還是解出不成形的泥狀便，但次數開始減少，出血量也一天比一天少。

　　治療持續兩週後明顯改善，血液中的發炎指標C reactive protein（CRP）從治療前的1.5 mg/dl下降到0.12 mg/dl。醫師決定逐步降低治療強度，在追求療效與減少副作用之間取得平衡。類固醇每兩週就減少劑量，六週後灌腸藥水停藥。

　　治療一週後小婷回到公司上班，這時已經完全不再出血；兩週後開始解出成形糞便，每天只需要上一次廁所。第四週時，小婷感覺自己終於完全恢復正常了。到了第四個月，已經減到最低劑量的類固醇

也終於完全停藥，只保留口服5-ASA。

　　儘管小婷已經完全復原，但醫師建議她保留此藥作為維持治療（maintenance therapy），可以減少將來再度發作的機會。小婷於一年後進行追蹤乙狀結腸鏡的檢查，確認原本發炎的部位已經完全癒合。

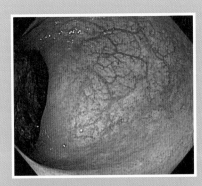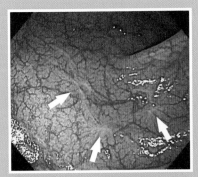

圖4：治療一年後，直腸黏膜已經完全恢復正常，或稱為黏膜癒合（mucosal healing）狀態。達到這樣的癒合高標準，可以視為將來長期不發作的可靠預測根據。

圖5：治療一年後的乙狀結腸不但完全癒合，還可以發現過去嚴重發炎癒合後留下來的永久疤痕箭頭（箭頭所示）。

常見治療方式 　絕大多數的患者經過藥物治療都能到改善，約三分之一的患者在長期積極治療下得以不發作，近乎治癒狀態。約有四分之一不到的少數患者在診斷後20年內會面臨大腸切除手術的風險。

● 口服藥物

● 5-ASA抗發炎藥物：

此為第一線使用藥物，視情況有口服和經肛門灌腸、栓劑等型式。5-ASA為水楊酸類藥物，藥效反應率超過70%、安全性高，但是治療中等到重度的發炎力道不足，需要配合其他用藥一起使用。

5-ASA常常被患者誤會成是消炎止痛藥、抗生素、或免疫抑制劑，因而產生對副作用的強烈疑慮，反而耽誤治療機會。

● 類固醇藥物：

較嚴重的患者需要加上類固醇，能夠強力阻斷發炎反應，多半口服prednisolone即可有效治療，例如本案例的小婷已經出現血便，屬嚴重情況，若單用5-ASA不足以控制病情，需加上類固醇。

當類固醇藥物出現效果，醫師會逐步減量，通常3到6個月內會完全停藥，以減少副作用的機會。如果患者因為症狀消失而自行決定停藥，可能造成症狀迅速復發，以及內分泌失調等狀況。還是需要遵照醫師的專業建議小心翼翼地逐步停藥。

● 生物製劑：

當出現一般藥物失效、病情快速失控、長期無法停用類固醇、一般藥物出現嚴重副作用等情形，醫師會選擇使用生物製劑，這類藥物為單株抗體，能精準結合發炎組織內發炎介質，抵銷其促進發炎的作用。經由頂尖生物科技製程，從實驗室活體病毒或單株細胞製造並精準提煉，因此通稱為「生物」製劑。

生物製劑雖然價格高昂且藥效反應率僅略高於一半左右，還需要透過注射給藥，但是安全性和類固醇相比之下較高，且在傳統藥物失效時能發揮療效，適合對抗重度病情。其效果不只急性期的症狀解

除，還包括徹底的黏膜癒合，病情恢復後長期使用還能繼續發揮維持
治療作用。

最新治療　　近期治療上的進展還包括新開發的口服小分子藥物
（small molecule agents），能介入細胞內訊息傳遞，阻
斷發炎連鎖反應。與傳統藥物、生物製劑搭配使用，帶入精準醫療的
新概念，因人而異地活用各種藥物。

　　少數情況會出現病情緊急失控，來不及等待藥物發揮效果，或多
種藥物同時失效的情形。這時進行大腸切除術可視為最後治療選項，
以免危及生命。

　　既知潰瘍性結腸炎是一種發作性疾病，緊急控制病況的治療後，
不可忽略的是在進入病情緩解期後預防復發的治療。前者稱為「誘導
治療」，誘導並促成緩解的意思；後者則為「維持治療」。兩者在劑
量強度、使用時機、藥物選項、使用時間長度等有很大的不同，不能
混為一談。例如維持治療中很管用的免疫調節劑azathioprine，在誘導
治療時並沒有作用。

 藥物小百科：潰瘍性結腸炎常見治療藥物

種類	主要成分	適用範圍	注意事項
抗發炎藥物	5-aminosalicylic acid（5-ASA）	潰瘍性結腸炎	副作用包括造血功能不全、肝毒性、腎功能不全、胰臟炎等。

種類	主要成分	適用範圍	注意事項
類固醇	prednisolone	克隆氏症、潰瘍性結腸炎	副作用包括易感染、體重增加、月亮臉、水牛肩、高血壓、糖尿病等。
免疫調節藥物	azathioprine（AZA）		副作用包括噁心、嘔吐、胰臟炎、造血功能不全、肝癌、易感染。
免疫調節藥物	cyclosporine（cyclosporin、cyclosporin A）		副作用包括腎功能異常、血脂異常、高血壓、易感染。
	mercaptopurine（6-MP）		副作用包括造血功能不全、肝毒性、尿酸高、小腸潰瘍。
免疫抑制劑	methotrexate		副作用包括紅疹、搔癢、胸悶、呼吸困難、皮膚及眼睛轉黃、深色尿及糞便。
生物製劑	腫瘤壞死因子（TNF-α）抑制劑，例如Humira、Remicade。	克隆氏症、潰瘍性結腸炎	Humira注射過程需注意過敏反應，可能增加肺結核、B型肝炎感染的風險。Remicade注射過程需注意過敏反應，可能增加感染、惡性腫瘤的風險。
	α4β7整合蛋白（α4β7 integrin）抑制劑		注射藥物過程需注意過敏反應，可能增加感染症、肝病、惡性腫瘤的風險。
生物相似性藥品	腫瘤壞死因子（TNF-α）抑制劑		注射藥物過程需注意過敏反應，可能增加肺結核、B型肝炎感染的風險。
生物製劑	腫瘤壞死因子（TNF-α）抑制劑，例如Simponi	潰瘍性結腸炎	注射藥物過程需注意過敏反應，可能增加肝炎感染的風險。

＼ 罹患潰瘍性結腸炎小教室 ／

　　每個人都會拉肚子，通常不需要擔心罹患潰瘍性結腸炎。但如果拉肚子的同時出現以下症狀，則有必要請醫師協助：連續腹瀉超過7天、發燒、血便、體重快速而顯著地下降。

　　什麼是潰瘍性結腸炎？

　　簡而言之，就是人體和腸道內共生微菌叢（commensal bacteria）之間的失去平衡的結果：原本應該互利共存共生的大腸黏膜與微菌叢雙方互相對抗，而且長期無法結束對抗而產生的慢性疾病。

　　造成潰瘍性結腸炎的原因？

　　潰瘍性結腸炎為多重病因結合，是一種腸道免疫失衡造成持續性發炎的疾病，罹病多重因素中包括體質與長期成長、飲食環境等，但是通常沒有顯著的原發事件足以解釋，所以初次診斷患者都有不知為何染病的意外感。

　　潰瘍性結腸炎以侵犯大腸管腔最內層的黏膜層為主，這是人體細胞組織和腸內菌、糞便接觸的最前線。持續發炎時，輕則黏膜腫脹、生理功能受損造成慢性腹瀉；重則造成黏膜破壞、潰瘍、出血，甚至發炎，會逐漸蔓延到黏膜以下更深層的大腸組織，演變成嚴重的併發症，包括大量失血、大腸細菌滋生導致敗血症、大腸穿孔等。

　　不同患者的潰瘍性結腸炎的程度有很大的差別，可輕可重，而同一位患者長時間內也常有忽輕忽重或是恢復健康後又反覆發作的情況，但發炎的範圍則是一致性的限制在大腸範圍內。而持續發炎多年未能有效治療的潰瘍性結腸炎，會增加罹患大腸直腸癌的風險。

好發年齡	20到40歲的年輕族群，並沒有特別集中的年齡層，從學童到老年人都有機會罹病。
常見的症狀	慢性腹瀉和腹部疼痛，在此必須強調是「慢性」。每個人都有拉肚子的豐富經驗，偶然發生但幾天內迅速復原的情形，不需要擔心是潰瘍性結腸炎。

　　並非整段大腸都會發炎，因人而異。潰瘍性結腸炎根據發炎的分布可分為三種類型，各占了約三分之一的比例，其共同點為直腸炎，只是直腸以上繼續延伸的程度也所不同。

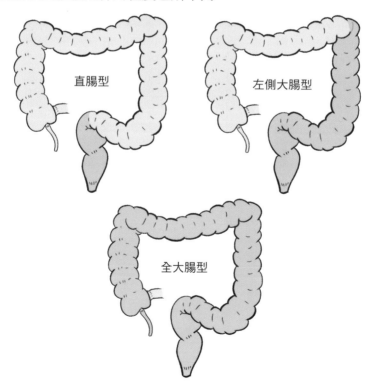

直腸型　　　　　　　　左側大腸型

全大腸型

　　正確的分類對藥物治療的選擇、追蹤方式、評估預後都極為重要。直腸炎型僅限直腸發病，較容易治療。而這位案例小婷屬於左側大腸型，治療應選擇口服和經肛門給藥兩者並重。全大腸型患者，通常比較嚴重，預後比較差。

18. 克隆氏症
（Crohn's Disease）

涂佳宏醫師，台大醫院胃腸肝膽科主治醫師

27歲的雅惠大約4年前開始常常拉肚子，而且肚臍以下的腹部會悶痛。腹瀉嚴重時，還會覺得沒體力、失去胃口，甚至輕微發燒，體重自然也慢慢減輕了。

雅惠拉肚子的狀況時好時壞，為此她日益重視食物清潔與消毒的過程，口味變得清淡，不吃生食、飲水必定過濾煮沸，甚至心理上也逐漸認為自己就是容易腹瀉的體質，此生不可能改變了。

然而，一個月前她再次拉肚子，也感到下腹部悶痛，但這次卻與過去不同。拉肚子的情況持續超過10天未見改善，而且陣痛逐漸惡化成持續疼痛。不論吃什麼食物都會加重疼痛情況，使雅惠終於受不了決定去醫院檢查。

醫師詳細詢問雅惠過去幾年的症狀，檢查後並未發現明顯病徵，腹部X光與初步驗血檢查也沒有發現異常。唯一異常是糞便潛血檢查呈現陽性，這代表胃腸道內可能有問題等待釐

清，於是為她安排進行電腦斷層檢查。結果發現小腸下半段的迴腸有變形、腸繫膜血管充血等慢性發炎現象。綜合這些線索，醫師懷疑黃小姐得了克隆氏症，所以進一步安排大腸鏡檢查。

大腸鏡檢查下發現大腸段很健康，但鏡頭更深一步進入末端迴腸後，發現有數個約1到2公分大的慢性潰瘍（圖1箭頭所示），遠離潰瘍的黏膜則維持正常。這些都是克隆氏症小腸潰瘍的常見特徵。

這些潰瘍雖然都是獨立生長，但有持續作用的群聚傾向，因此造成潰瘍周遭的腸管變形、狹窄（圖2）。應該呈圓環狀的黏膜自然皺褶被扭曲，原本圓形且柔軟的管腔也變成僵硬的多角形。

即使沒有潰瘍的部分，仔細觀察能看到已經癒合的潰瘍結疤或是黏膜慢性發炎的痕跡（圖3）。沒有被潰瘍影響的部分，小腸黏膜看似正常。但以高解像影像強化處理後仔細觀察，可以發現小腸絨毛的正常紋理已被破壞，絨毛的粗細長短不一、脫落，並失去整齊一致的排列。

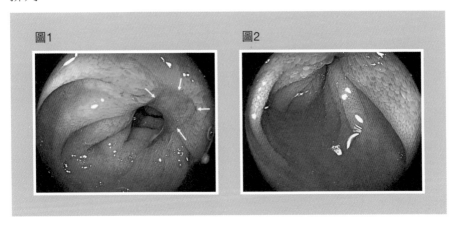

圖1　　　　　　　　　　圖2

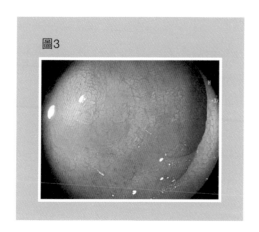

圖3

　　這些檢查不但進一步確認了電腦斷層檢查的結果，也確實都符合「克隆氏症」的內視鏡特徵。由於大腸鏡最多只能觀察約20公分深的迴腸，無法繼續深入，於是醫師選定末端迴腸中最嚴重的潰瘍處取得組織切片。

　　最後，病理組織學的判讀結果也出現了典型病癥，因此確定黃小姐罹患「克隆氏症」。

治療方式　發病三年以來，雅惠有一段安逸期，但是累積造成了小腸變形、阻塞，近期腹部的持續疼痛因為進食更加劇。醫師評估雅惠已經處於發病中期，除了小腸纖維化病變外，因嚴重發炎而黏膜腫脹，使得原本已經細小化的管腔更進一步狹窄，阻礙了正常的流通，若沒有積極治療，預測在數週後將可能完全堵塞，而堵塞病變附近的小腸可能面臨細菌感染、形成膿瘍、廔管，甚至腸穿孔的危險。

　　儘管延誤就醫，幸運的是雅惠尚未出現不可逆轉的嚴重併

發症。醫師決定先從口服抗發炎藥物治療開始，包括類固醇（prednisolone）與免疫調節劑（azathioprine）。此後疾病逐漸控制下來，不過未來仍有一段長日子要走。

 抗發炎藥物是治療克隆氏症的主要概念，可選擇的藥物包括：類固醇、免疫調節藥物、生物製劑、小分子藥物等。由於克隆氏症屬於慢性發炎，治療當然也採用長期用藥的策略。

	效果	使用狀況	副作用與注意事項
類固醇	的藥效反應率特別高，超過70%的患者有療效，且效果快速。	第一線用藥，在緊急情況特別有用，但無法單獨完成克隆氏症的治療。 除了口服的prednisolone、budesonide之外，在病況嚴重或無法正常進食的情況，可改用靜脈注射類固醇（methylprednisolone、hydrocortisone）。	副作用較大，慢性疾病長期續用類固醇所累積的健康風險不容忽視。 難改變長期疾病活性，只適合短期控制病情，需要與其他藥物合併使用，約有20%到30%的患者，類固醇並無效果。
免疫調節藥物	能抑制腸組織持續性發炎，促進發炎反應的退場機制。	最主流的是使用azathioprine，此藥通常是合併用藥策略的其中一個要角，主要效果是能減少類固醇劑用量、預防緩解後的克隆氏症再度復發，至少能減少三分之一的復發。	藥效緩慢不適合急用，有較高比例的患者無法忍受其副作用。 缺點有免疫力低下造成的伺機性感染、長期使用多年恐會增加癌症風險等。

	效果	使用狀況	副作用與注意事項
生物製劑	用以對抗疾病組織內的發炎介質，除了控制發炎，也能在發炎緩解後持續預防復發。	藥效不如類固醇快速，但仍可數週見效且安全性高。雖然需要注射給藥，但數週到數個月注射一次，方便性仍算高，更重要的是，長期使用這類藥物已證實能達成徹底讓組織癒合、減少住院及手術比率，進而有機會改變克隆氏症的命運。	任一生物製劑約有1/3到一半的患者無效，有些患者甚至需不斷換藥，故不如類固醇可靠。藥價極為昂貴，並非所有患者都有機會取得保險給付。長期使用可能會藥效遞減、發生感染副作用、增加腫瘤風險等。
小分子藥物	針對細胞內的發炎訊息傳遞，改變細胞行為，從而干擾發炎反應。分子量小、可以口服吸收、藥效快速。	如生物製劑一樣，同時用在發作期和長期性維持治療。	

　　臺灣目前有多種生物製劑可供選擇，包括adalimumab、infliximab、vedolizumab、ustekinumab等。目前最新進的生物製劑是Remsima，它是infliximab的生物相似藥，原廠藥物過了專利期限後，多家高科技藥廠競相開發分子結構極為相似、成本降低，且經過臨床試驗驗證的生物相似藥，可減少全球大分子藥物市場大幅度成長所造成的財務衝擊，讓有限之資源可以幫助更多病患。

　　而小分子藥物是目前已接近實用化藥物中最新的一類，是多年來的研究解鎖複雜的克隆氏症分子機轉而得到的產物，嚴格來說應該稱為「次世代小分子藥物」，或是「小分子標靶藥物」。由於標的細胞受體眾多、組織專一性各有不同，多家高科技實力藥廠現正全力開發試驗中，可以預見將來這類藥物將不斷推陳出新，然而其臨床試驗以外的真實使用數據（real world data）」仍有待觀察。

糞便微菌移植（Fecal microbiota transplantation，FMT）是一種另類的克隆氏症治療方式，透過改變腸內共生菌生態的方式，減緩或阻斷腸黏膜及腸內菌之間的不良互動。在嚴格的致病原篩選把關下，將健康者的新鮮糞便簡單處置後注入患者腸內，多項研究已顯示其確有療效，可以考慮使用在藥物治療無效的場合。

然而，糞便移植是否能列為克隆氏症正規治療方式仍有待商榷，因為只有一部分的受試者有效，而且目前仍缺乏證據，這種現象也印證了克隆氏症的多重病因特性，微菌叢失衡只能算是一部分原因而不能解釋所有的罹病機轉。但是調節微菌叢的科技持續精進，將來仍有潛力成為多重藥物合併治療中的要角。

＼ 克隆氏症小教室 ／

原來這是一種文明病？

克隆氏症最早的相關紀錄皆出現在工業革命後，十九世紀末歐洲的大都會地區，但低度開發或衛生較差的國家幾乎不會發生。過度文明化、除菌消毒、食品加工、使用抗生素等等因素致使人類與大自然漸行漸遠，免疫系統的成長逐漸偏差，沒有辦法和環境中的微生物產生良性互動，導致發病。

另一個疾病潰瘍性結腸炎，在致病機轉、症狀、治療藥物等方面與克隆氏症有許多雷同之處，因此兩者合稱「發炎性腸症（Inflammatory bowel disease，IBD）」。

臨床處置上兩種疾病仍需要清楚區分，特別應注意不同點。例如潰瘍性結腸炎本質上屬於腸壁淺層疾病，而克隆氏症為腸壁全層

疾病，這時若使用表面接觸發揮藥效的5-ASA藥物如Pentasa、Asacol則對克隆氏症無效。

克隆氏症是一種胃腸道持續性發炎的疾病

●發生原因：

胃腸道持續發炎，腸內微生物與腸黏膜細胞之間的防線被破壞，加上黏膜內免疫反應異常，啟動了激烈的免疫反應，但是卻無法正常退場，結果就是持續發炎而破壞了正常組織，而這種破壞隨著時間累積不斷延伸範圍。

●發病部位：

從口腔開始到肛門一路綿延的胃腸道都有可能發病，但70%的案例集中在迴腸與大腸相接點的不遠處。其一大特色是跳躍式發病，可能有多處腸道同時分段式發炎，之間隔著健康的腸段。

發炎起始於腸道內表面的黏膜層，但可能逐步延伸破壞範圍，達到深層腸壁或蔓延至腸壁外鄰近器官組織。這種穿透全腸壁的發炎也是克隆氏症的一大特點，發炎可能忽強忽弱，期間也會出現組織癒合、復元結疤，累積成纖維化小腸狹窄或阻塞。

●好發年齡與常見症狀：

克隆氏症主要是年輕人的疾病，好發於十幾歲到三十幾歲的年

紀，若沒有良好治療，對學業及社會工作的影響很大。吸菸者、有克隆氏症家族史的情形，罹病風險更高。

疾病初期以發炎為主，常見的症狀是腹瀉和腹部疼痛，嚴重的時候會全身倦怠、消瘦、發燒。發病3年以上會因為纖維化的累積，還可能會出現各種晚期併發症，例如腸阻塞，或是廔管、感染、腸穿孔等。

●治療方法：

抗發炎藥物並非對所有病患都一樣有效，治療期間必須監測療效，包括患者自覺症狀、發炎指數。

● 大腸鏡檢查

大腸鏡的追蹤特別重要，對確認療效、治療方針的調整是關鍵性參考。除了大腸鏡，還需加上影像檢查監測病情變化，包括電腦斷層或核磁共振掃描，才算完整。想要評估小腸阻塞是否改善或惡化，影像檢查比大腸鏡更能全面性瞭解。許多醫師偏好核磁共振掃描，是因考量長期多次重覆做電腦斷層檢查所累積的輻射暴露，對身體的不利影響。

● 藥物治療

克隆氏症嚴重發作時要選擇藥效強、作用快、大劑量、多重合併用藥。緩解後，著重長期壓制發炎，並預防再度發作。所以用藥以安全性高、簡單方便、減少長期副作用的藥物為主。

早期診斷、早期治療是成功的關鍵。因為晚期累積的纖維化不可逆轉，而目前藥物皆為對抗發炎，卻沒有專門抗纖維化的藥物。

● 手術治療

一旦腸道出現不可逆的狹窄，須採用非藥物的治療方式。例如
手術切除狹窄變形的腸段，或是切除廔管、切除膿包等。內視鏡
科技的進步，近年來盛行用內視鏡氣球擴張術（endoscopic balloon
dilatation）撐開狹窄點，但效果仍不如手術，它只適合症狀較輕微的
案例。

19. 大腸瘜肉
（Colon Polyp）

邱瀚模醫師，臺灣大學醫學院內科臨床教授、台大醫院綜合診療部主任

 病例　49歲的趙先生三年前曾在醫院接受大腸鏡檢查，當時發現有3顆腺瘤性瘜肉，之後全數以「經大腸鏡瘜肉切除術」順利切除。但是，今年追蹤大腸鏡檢查的時候，在大腸發現兩處新長出來的病灶，其中一個瘜肉大小約1.2公分。

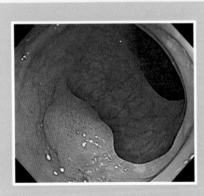

圖1：追蹤發現一個約1.2公分的無莖瘜肉

醫師診斷　因為趙先生有病史，所以果斷決定這個瘜肉也採用經大腸鏡瘜肉切除術，並且成功切除，病理診斷為管狀腺

瘤。然而,醫師以大腸鏡追蹤檢查時,又在大腸另一處發現新的病灶,內視鏡下只見到一個凹凸不平的區域(圖2箭頭所示),而且無法看清楚大腸黏膜上的血管圖。

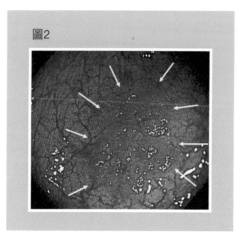

圖2

以影像強化內視鏡技術(Image enhanced endoscopy,IEE)的窄頻影像才得以看清楚第二個病灶的全貌(圖3箭頭所示)。接著以同為影像強化內視鏡技術的染色內視鏡(Chromoendoscopy)觀察,更清楚看出第二個病灶的全貌及表面紋路,為「非隆起型大腸腫瘤(nonpolypoid colorectal neoplasm)」(圖4箭頭所示)。

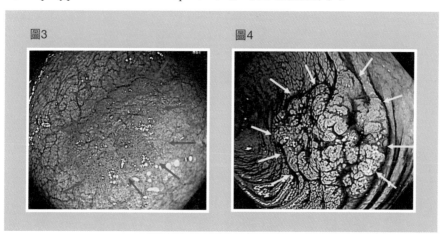

圖3

圖4

由於懷疑病灶是「非隆起型大腸腫瘤」，醫師決定施行「內視鏡黏膜下剝離術」（Endoscopic submucosal dissection，ESD）予以切除，病理診斷為管狀腺瘤併高度細胞異型。

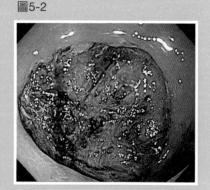

圖5-1　　　　　　　　　　　圖5-2

施行內視鏡黏膜下剝離術將腫瘤切除

　　術後當天，趙先生在麻醉藥退去之後即可下床走動，腹部亦無任何不適。趙先生於隔日便開始進食，對於現代微創手術的進步實在感到十分神奇。

＼ 大腸瘜肉小教室 ／

什麼是大腸瘜肉？

　　大腸瘜肉是指發生在大腸黏膜層的隆起物。大部份的大腸瘜肉幾無症狀，故很容易被忽視，一般來說大多是在篩檢施行大腸鏡檢查時發現。少數可能因瘜肉較大與所在位置，而呈現解血便、黑

便、腹瀉與便秘等不同症狀。大腸瘜肉屬於哪一種類型或是否癌化，可在內視鏡下以肉眼判斷，懷疑是腫瘤性的瘜肉切下後會由病理科做病理診斷，確認供臨床醫師作為後續處理如追加手術、決定日後追蹤的間隔等為依據。

大腸腫瘤容易忽略，務必做好大腸鏡檢查追蹤

曾經發現罹患進行性腺瘤（advanced adenoma）或是有3顆以上腺瘤性瘜肉（adenomatous polyp）並予以切除者，容易在3年內再長出進行性腺瘤，因此美國與歐盟指引中皆提醒：病人務必在3年內確實做好大腸鏡檢查追蹤。而非隆起型大腸腫瘤容易在大腸鏡檢查時被遺漏，且較易有高風險病理特徵。趙先生的病灶直徑已達2.5公分，根據大腸腫瘤的自然病史推測極有可能3年前即存在，但因型態上不易發現，結果被遺漏。

20. 大腸神經內分泌腫瘤
(Colon Neuroendocrine Tumor)

邱瀚模醫師，臺灣大學醫學院內科臨床教授、台大醫院綜合診療部主任

病例　　44歲的林先生在一次健康檢查接受大腸鏡檢查，意外發現直腸有一顆直徑約1.3公分的黏膜下腫瘤。他問醫師什麼是「黏膜下腫瘤」？醫師說是一種長在「黏膜下面的腫瘤，如果是良性，就不需要處理，但是也有可能是惡性」。林先生聽得一頭霧水，不過一聽有可能是惡性，恐懼油然而生。

　　轉診至醫學中心後，大腸鏡檢查下發現一顆腫瘤長在直腸，病灶飽滿略呈黃色，表面有血管增生發紅現象。

圖1：以大腸鏡的切片夾去碰觸時，發現它的質地堅硬

醫師高度懷疑此為長在直腸的神經內分泌瘤（neuroendocrine tumor，NET），因此建議以內視鏡黏膜下剝離術切除。事後病理檢查報告證實這顆腫瘤為低惡性度一級神經內分泌瘤。

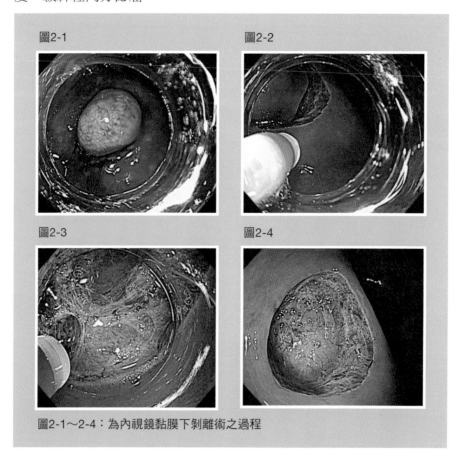

圖2-1～2-4：為內視鏡黏膜下剝離術之過程

　　林先生手術痊癒後，身體健康無虞，目前已經固定追蹤兩年，大腸鏡與電腦斷層檢查下均為正常。

＼黏膜下面的腫瘤小教室／

什麼是黏膜下面的腫瘤？

消化道是個具有多層結構的器官，腸壁可以分為黏膜層、黏膜下層、肌肉層，部分消化道的肌肉層外還有一層漿膜層。源發於消化道黏膜層下方各層的腫瘤，一般統稱為黏膜下腫瘤。常見的黏膜下腫瘤抱括了包括胃腸基質細胞瘤、平滑肌瘤、神經內分泌瘤類癌、神經膜纖維瘤、脂肪瘤、異位性胰腺、血管瘤等。

什麼是神經內分泌瘤？

神經內分泌瘤是具有神經內分泌分化的表皮細胞腫瘤，以往稱為類癌（carcinoid）。神經內分泌瘤細胞所分泌的荷爾蒙會造成病患出現症狀，稱為「功能性腫瘤」；反之則稱為「無功能性腫瘤」。大多數的胃腸道神經內分泌瘤是無功能性的腫瘤，沒有症狀，而且多是因為其他原因開刀而意外發現，或是已經進展到肝臟轉移才被診斷出來。

關於直腸之神經內分泌瘤

直腸神經內分泌瘤大多沒有症狀，多半經由接受大腸鏡檢查時才發現，常以隆突之黏膜下腫瘤型態呈現。晚期的症狀包括腹痛、腹瀉、體重減輕、出血、便秘、潮紅、腹部腫塊或肝腫大等。

大多數的直腸之神經內分泌瘤直徑小於1公分，且侵犯深度僅達黏膜下層，多為低惡性度的第一級G1腫瘤（NET grade 1，G1），轉移風險低；大多數小於2公分且無淋巴轉移的直腸之神經內分泌瘤僅需接受內視鏡黏膜切除術或內視鏡黏膜下剝離術即可完成治療。

● **常見治療：**

直腸之神經內分泌瘤目前已被世界衛生組織列為惡性病灶，因此應予切除。

傳統的「內視鏡瘜肉切除術」或「內視鏡黏膜切除術」很容易有殘留病灶，目前常以「內視鏡黏膜下剝離術」切除。

當神經內分泌瘤表面有紅腫或潰瘍時，病理檢查較容易有高惡性度特徵。神經內分泌瘤多半可以內視鏡根治，不過高惡性度者容易轉移，應考慮追加外科手術並密切監測。此外，直徑超過2公分的神經內分泌瘤，則建議以外科手術治療。

21. 大腸管狀絨毛腺瘤
（Villous Adenoma）

邱瀚模醫師，臺灣大學醫學院內科臨床教授、台大醫院綜合診療部主任

病例　　55歲的陳姐因為最近一個月肛門有異物感，而且排便出現間歇性的血便情況，所以到醫院接受大腸鏡檢查。結果發現直腸接近肛門口有一顆巨大的腫瘤（圖1箭頭所示），經由病理切片化驗結果是絨毛腺瘤（villous adenoma）。

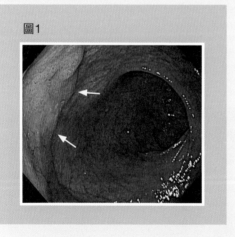

圖1

　　由於腫瘤實在太大，醫師建議以外科手術切除。到外科醫師門診後，外科醫師告訴她由於離肛門太近，手術後肛門恐怕無法

保留，也就是要做所謂的人工肛門。陳姐一聽到要做人工肛門，彷彿青天霹靂，完全無法接受。

為了找出是不是有做人工肛門以外的可能，並且確認診斷，陳姐輾轉問了好幾位外科醫師，得到的答案都一樣：「恐怕要。」

後來陳姐轉至大型醫學中心的腸胃科門診，再次詢問醫師是否有機會以大腸鏡切除，不需要做人工肛門。醫師告訴她先要評估是否為浸潤癌？如果是浸潤癌，就無法以大腸鏡切除。如果是良性病灶或原位癌，將有機會用內視鏡黏膜下剝離術予以切除，並保留肛門。

醫師診斷 陳姐進行第二次的大腸鏡檢查，內視鏡一進入直腸就看到一個大腫瘤，反轉大腸鏡赫然發現是一個沿著肛門蔓延的全周性病灶（圖2），染色擴大內視鏡下發現為良性腫瘤之絨毛特徵，浸潤癌的機會極低。（圖3）

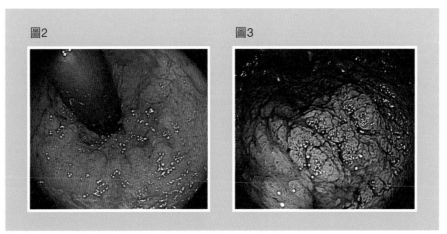

圖2　　　　　　　　圖3

治療方式 由於大腸鏡切片之病理報告是「絨毛腺瘤併高度細胞異型」，是良性病灶。於是醫師決定施行內視鏡黏膜下剝離術，陳小姐因此得以保留肛門。

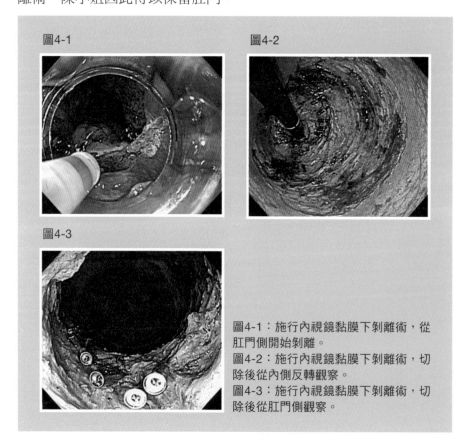

圖4-1

圖4-2

圖4-3

圖4-1：施行內視鏡黏膜下剝離術，從肛門側開始剝離。
圖4-2：施行內視鏡黏膜下剝離術，切除後從內側反轉觀察。
圖4-3：施行內視鏡黏膜下剝離術，切除後從肛門側觀察。

一年後追蹤，完全無腫瘤或復發跡象，陳小姐喜出望外。

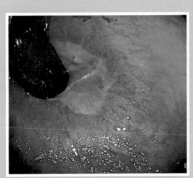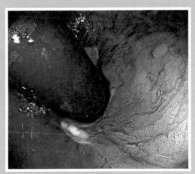

圖5：一年追蹤下來完全沒有腫瘤殘留或是復發跡象。

常見治療　大型直腸絨毛腺瘤之治療包括外科手術及內視鏡治療。手術治療可經肛門或經骶尾部局部切除，或是擴大切除絨毛腺瘤。然而根據國外研究，下端直腸的大型良性腫瘤，如果接受外科手術，近一半的病人最終會需要做人工肛門，影響生活品質甚鉅。而內視鏡治療不受病變部位及術野限制，術後併發症發生率低。下端直腸靠近肛門的大型良性腫瘤，只要沒有深度浸潤癌的疑慮，可施行內視鏡黏膜下剝離術，得以保留肛門且復發率低。

＼ 腺瘤性瘜肉小教室 ／

　　腺瘤性瘜肉依組織型態的絨毛成分多寡，再分類為管狀腺瘤（tubular adenoma）、絨毛狀腺瘤（villous adenoma），以及兩者混合型（tubulovillousadenoma）。

管狀腺瘤	約有80%的腺瘤性瘜肉為管狀腺瘤，惡性化風險相對低，但是若超過1公分，未來轉變成惡性腫瘤的風險就大幅增加
絨毛狀腺瘤	約只佔腺瘤性瘜肉的5%，但卻是最有可能變成惡性的腫瘤。

所占比例愈多，癌變機會就愈大。癌變的可能性視瘜肉大小、組織分類、細胞異常等因素而定。

直腸絨毛腺瘤是腺瘤性瘜肉的一種，絨毛狀成分占80%以上，被認為是癌前病變癌化機率較高的一類，多發生在老年人，且男性多於女性，好發於直腸位置。

主要症狀是排便頻繁、排出大量黏液，易被誤診為腸炎或痢疾。偶爾有排便不通暢與裏急後重的感覺，長期便血、腹瀉，也可能出現全身症狀如心律失常、無力、消瘦、易疲勞等。

要特別注意的是，大腸腺瘤性瘜肉有可能持續長大或演變成為大腸癌，這之間通常需要五至十年的時間，少部分會變成大腸癌。較大的腺瘤可能3年就會轉進展成浸潤癌。大腸腺瘤性瘜肉與大腸癌密切相關，80%至90%的大腸癌來自於大腸腺瘤性瘜肉。

切除尚未癌化之腺瘤性瘜肉可以顯著有效地減少大腸癌發生，所以當大腸鏡檢查發現有腺瘤性瘜肉時，可同時以內視鏡瘜肉切除術」將之切除，因此大腸鏡既為篩檢也是治療的工具。

22. 早期大腸癌及大腸腺瘤

邱瀚模醫師，臺灣大學醫學院內科臨床教授、台大醫院綜合診療部主任

病例　　65歲的李太太接受國民健康署的糞便潛血篩檢，發現呈現陽性反應，因此她到醫院接受大腸鏡檢查，結果發現她的乙狀結腸有一顆奇形怪狀的腫瘤。醫師說這顆可能是癌症，建議到大醫院做進一步檢查，甚至應該考慮開刀切除。

　　李太太因此心情忐忑不安，在孩子的陪同之下到醫學中心尋求第二意見。大腸鏡檢查前，醫師告知如果是癌症，可能會在病灶處做個標記，準備以外科手術切除。

醫師診斷　經過大腸鏡檢查下，白光內視鏡影像下顯示有直徑3公分而表面不平整的腫瘤（圖1），醫師判斷可能是早期大腸癌。

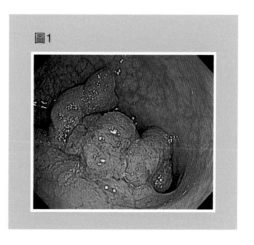

圖1

　　接著再以窄頻影像技術檢查，呈現JNET分類2B型之微血管網結構，懷疑是嚴重組織型期別（advanced histology）。（圖2-1、2-2）

圖2-1　　　　　　　　　　　　圖2-2

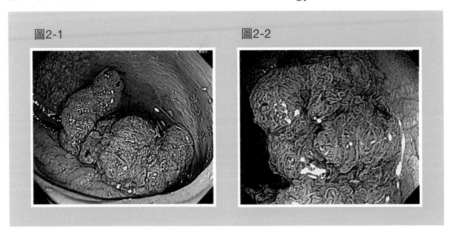

　　最後經過染色內視鏡觀察，顯示出這個腫瘤具Kudo分類VI型的表面構造。（圖3-1、3-2）

圖3-1

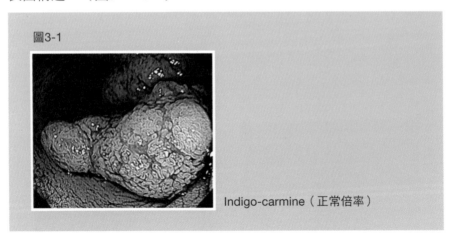

Indigo-carmine（正常倍率）

圖3-2

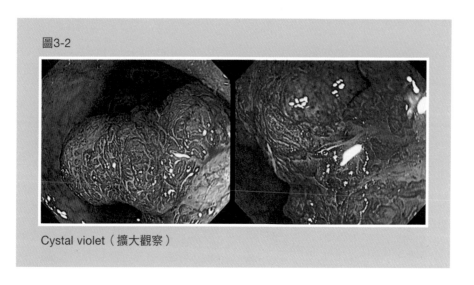

Cystal violet（擴大觀察）

治療方式 李太太術後麻醉恢復甦醒，醫師告訴她：「這是早期大腸癌，我已經先幫妳用大腸鏡把它切除。如果病理檢查結果不錯，或許就不用開刀了。」這種以大腸鏡在黏膜下層注射後切除大腸腫瘤的術式稱為「內視鏡黏膜切除術」。（圖4-1、4-2、4-3）

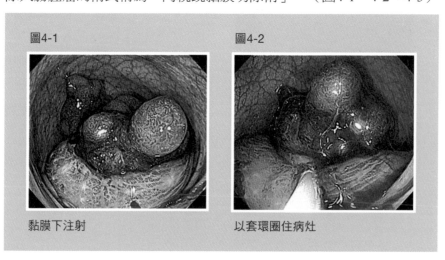

圖4-1

圖4-2

黏膜下注射

以套環圈住病灶

圖4-3

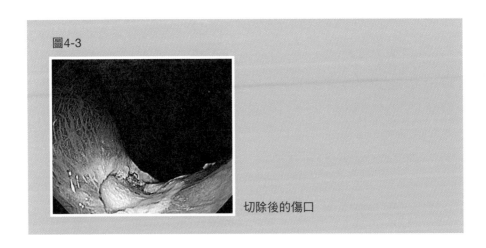

切除後的傷口

　　因為在術前評估為「低浸潤性早期大腸癌」，醫師以大腸鏡施行內視鏡黏膜切除將腫瘤完全切除，術後切除下來的檢體送到病理科檢查，證實為「管狀腺瘤併局部腺癌浸潤」（浸潤深度100微米，無脈管侵襲），確認為早期大腸癌。因為已達成根治性切除，所以李太太不必再接受外科手術。

　　常見治療方式 大部分的早期大腸直腸癌屬於扁平型病變，若是病變小於2公分，可以使用內視鏡黏膜切除術來治療，雖然技術難度較高，但大部分的內視鏡專科醫師都能執行。

　　不過當病變大小超過2公分時，切除成功率就會大幅下降，術後的復發率介於一至三成。對於大型扁平型病灶不易以內視鏡黏膜切除術切除或是高度懷疑有癌變的病灶，為了避免復發或是檢體切除碎片化不完整，醫師會選擇開刀治療或內視鏡黏膜下剝離術。

＼ 大腸癌小教室 ／

　　大部分的大腸癌由大腸腺瘤性瘜肉演變而來，整個過程大多需要7年至8年的時間，但是也有少部分扁平或凹陷型的病灶，從腺瘤性瘜肉轉變成大腸癌只需要2年至3年的時間。

　　當瘜肉形成大腸癌，會漸漸往大腸的深層組織侵犯，從黏膜層一路往下侵犯至黏膜下層，接著是肌肉層及漿膜層，如果癌細胞侵犯到深層的黏膜下層就有可能開始轉移至附近的淋巴節。癌細胞只局限在黏膜層與黏膜下層，就是被定義成早期大腸癌。若癌細胞侵犯超過黏膜下層的深層或更深的組織，便稱為進行性大腸癌。

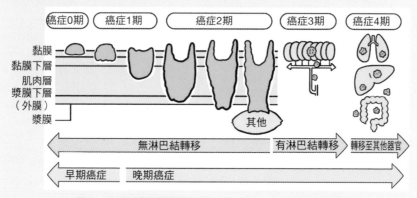

圖5：各期大腸癌浸潤深度與淋巴結、遠端器官轉移風險。

23. 進行性大腸癌
（Advanced Colorectal Cancer）

邱瀚模醫師，臺灣大學醫學院內科臨床教授、台大醫院綜合診療部主任

病例　　陳老太太已經92歲高齡，平時身體還算硬朗。近日因為出現便秘、腹脹與血便的情況，由兒子帶至醫院求診。

醫師診斷　　門診醫師發現陳老太太的肚子的確很脹，而且有明顯貧血現象，於是緊急將她轉往急診，安排做緊急大腸鏡檢查。檢查結果發現，陳老太太的乙狀結腸處有一個直徑約5公分的腫瘤，幾乎阻塞了大腸的內腔（圖1），連大腸鏡都無法通過（圖2箭頭所示）。

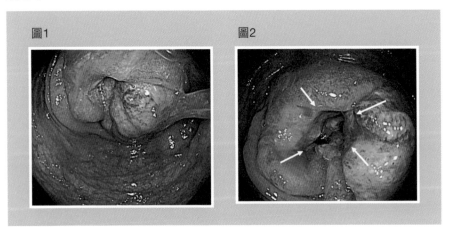

圖1

圖2

由於陳老太太年事已高，對於緊急外科手術十分猶豫，兒子也詢問了非外科的治療方式。爾後經由醫師建議，醫師於X光透視導引下，使用大腸鏡放置無外膜之大腸金屬支架。

放置完支架後（圖3），阻塞的大腸壓力緩解，糞便可以排出，陳老太太的腹部脹痛也因此得以紓解，感覺舒服多了。

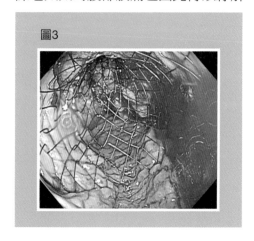
圖3

 早期大腸癌與進行性大腸癌最大的差別在於淋巴結轉移的風險，有無淋巴結轉移的風險之所以重要，關係著治療的選擇。

• 早期大腸癌

早期大腸癌因為沒有淋巴結轉移的風險，所以利用大腸鏡將大腸腫瘤完整地切除表淺早期大腸癌，或以腹腔鏡手術用於較深層早期大腸癌，即可完成根治性治療，也不需要大範圍切除淋巴結或追加化學治療。

• 進行性大腸癌

但是進行性大腸癌因為侵犯至較深的組織，有轉移至淋巴結或遠端器官的風險，如果單獨使用內視鏡切除腫瘤，除了難以完整切除之外，治療也並不完整，術後也有較高復發的風險。完整的治療往往需要開刀切除腫瘤，加上局部淋巴結廓清，有時甚至需要追加化學治療，才能減少復發機會。

＼ 大腸直腸癌小教室 ／

大腸直腸癌在台灣的發生個案數已躍居所有癌症第一位，由於篩檢普及，能夠偵測到的早期大腸癌越來越多，因此大腸直腸癌造成的腸道阻塞有逐漸減少的趨勢。

置放大腸支架是緩解大腸直腸癌的腸道阻塞症狀，並過渡至外科手術的治療選擇，可以讓無法承擔手術風險的癌症病人，緩解腸道阻塞造成的不適，並避免因腸道不通而產生感染甚至敗血症的機會，改善癌症病人的生活品質。

在已經造成阻塞的大腸癌，尚無法進行緊急手術或病人因高齡或其他共病因素暫不考慮，或無法開刀時，「放置金屬支架」緩解大腸壓力是一個可行的替代方案。

醫療小百科：目前臺灣市場上的大腸直腸支架

廠牌	產品名	材質	支架直徑	支架長度（公分）
Boston	Wallflex	Nitinol	22、25、30	6/9/12
Bona	Bonastent		22、24、26	6/8/10/12/14
COOK	Evolution		25、30	6/8/10
TaeWoong	Niti-S		18、20、22、24	6/8/10/12/15

24. 內視鏡胃袖整形術
（Endoscopic Sleeve Gastroplasty）

周苫光醫師，敏惠醫護管理專科學校講師、
嘉義基督教醫院胃腸肝膽科主任

病例　　35歲的林倩生活習慣良好，沒有抽菸，也不喝酒，沒有什麼健康上的問題。平常從事文書性質的工作，因為經手的案件繁雜，造成她不少壓力，久而久之習慣靠甜食、飲料及油炸物來紓解。

林倩說，自己12歲時的體重就已經達到70公斤，大學時期更曾經胖到80公斤，後來透過飲食控制與運動管理，順利瘦回70公斤。

但是她在30歲左右生完第一胎，體重又來到90公斤，透過168減重策略將一天的進食控制在8小時之內、剩餘16小時不吃，終於瘦回84公斤，可是過沒多久又復胖到96公斤。

最後她決定就醫接受診治，透過藥物治療來減重，但只瘦了2公斤，停藥之後又再次復胖。反反覆覆的體重令她氣餒不已。

到胃腸科求診時，身高160公分的林倩已經將近97公斤，身體質量指數（BMI）為37.8，屬於重度肥胖。

醫師診斷 林倩求診時其實沒有任何病症，沒有高血壓和高血脂症，也沒有糖尿病等肥胖相關併發症，月經週期也很規則，身體組成分析顯示她也沒有明顯的肌少症。

當時醫師建議她先進行飲食衛教，然而經過一個月的管理，仍是減重無效，宣告失敗。於是醫師再次和李小姐討論使用藥物治療，希望藉由提高藥物劑量或採取外科手術，她都不肯接受。最後，李小姐選擇衝擊較小的內視鏡胃袖整形術。

治療方式 手術當天進行「內視鏡胃袖整形術」的時間約1個小時，過程中全身麻醉。醫師利用胃鏡，經過嘴巴將特別設計的縫線系統送到胃中，將胃進行縫合縮小的手術。

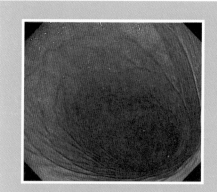
圖1：術前的胃

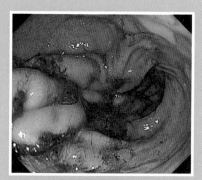
圖2：術後的胃

手術結束後，當天就可以喝水、喝流質飲食；術後第三天就可以開始運動。經過1週復原後，林倩開始攝取軟質飲食。術後三個月進

行追蹤，她的體重已經從97公斤減至78公斤（圖3），體態也有明顯的變化，讓林倩相當開心（圖4-1, 4-2）。

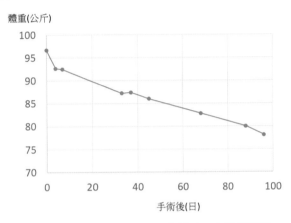

圖3：術後三個月減輕了 20% 的體重，身體變輕盈。

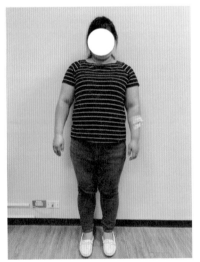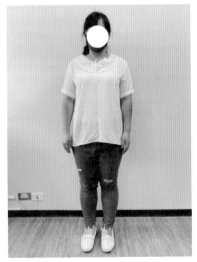

圖4-1, 4-2：內視鏡胃袖整形術的術前、術後體態對比。

> **＼ 肥胖小教室 ／**
>
> 　　肥胖是一種疾病，會引發長期併發症包括心血管疾病、睡眠呼吸中止症、退化性關節炎、胃食道逆流疾病、非酒精性肝病、糖尿病、代謝症候群、憂鬱症、癌症、不孕症等。
>
> 　　肥胖患者在嘗試藥物及飲食控制、運動管理成效不彰，或反覆復胖時，除了考慮外科手術減重治療外，也可考慮內視鏡胃袖整形術，經口縫胃，恢復更快，併發症更少，且有長期維持效果。

● **內科減重治療：**

近年來，減重的方法與工具進展很多。最基礎的飲食管理與運動是必要的，特別是升糖素類似胜肽（glucagon-like peptide 1，GLP-1）藥物的進展，使用藥物亦可安全有效地減重，但是停藥後復胖是一大考量。

● **外科減重治療：**

減重外科手術的主流包括腹腔鏡胃袖狀切除手術、繞道手術以及各種手術組合與變型，可給患者長期的減重效果。然而願意接受外科手術的患者比例有限，大多會擔心副作用、風險性。外科手術縮胃容積的比例更大。

● **內視鏡減重治療：**

工具很多，在臺灣目前主要有三種治療包括內視鏡袖狀胃整形術、內視鏡胃內水球放置術以及胃肉毒桿菌注射。

內視鏡袖狀胃整形術	具有長期效果
內視鏡胃內水球放置術	可達到一定的減重效果，但水球放置的不適感與取出水球後又復胖仍是最大的問題，目前多用於手術前的減重
胃肉毒桿菌注射	將肉毒注射於胃部，減重效果於醫學實證上仍有爭議。

　　無論是外科減重治療貨是內視鏡減重治療，兩者都還是需要妥善的飲食管理才能達到減重效果。

	內視鏡袖狀胃整形術
適合施作對象	BMI>27以上，飲食管理或藥物治療無效者BMI>35，不願意接受外科手術者
不適和施作對象	胃有活動性潰瘍、食道或胃靜脈曲張、無法控制的精神疾患等
優點	術後不需住院、術後隔日可進食、無腹部傷口疤痕、食道逆流發生率較外科袖狀胃切除術更低、術後併發症較外科手術更低、體內傷口小，術後恢復的速度比外科手術快。當天可以喝水，大部分患者就可以回家
缺點	與外科袖狀胃切除術相比，減重成效稍差。此外，外科手術目前有健保給付，但是內視鏡胃袖整形術目前沒有健保給付。
副作用	內視鏡胃袖整形術的副作用相對安全，唯可能在術後數日產生疼痛或噁心，可用藥物治療。併發症主要來自於縫合時針線造成的出血，或外部器官的損傷，發生機率不高，且大部分併發症都可以保守治療，極少需要外科手術救援。縫合時有經驗的醫師會盡量避免產生這樣的風險。

建議讀者觀察每天的作息與飲食，
若是有任何不適與異常請務必記錄下來。

NOTE

Part 3

認識消化道檢查治療利器
——內視鏡與其術式

內視鏡的功能是什麼呢？

　　在腸胃科就診的時候，經常會聽到醫師建議患者進行胃鏡、大腸鏡檢查。其實這些「鏡」的真正名稱叫做「內視鏡」，是醫師在消化道的器官中進行探查的工具，醫師進行診斷與檢查，甚至有時可以在檢查的過程中同時進行治療，例如切除瘜肉，所以可說是現代胃腸病學結構的基石。

　　現在各領域的科技快速發展，例如光學、物理定律、電子學、材料科學、放射學等，醫學與非醫學領域都讓消化內視鏡領域不斷創新、日日精進，也因此讓患者有更好的治療。

　　這次就帶大家認識一下這個只聞其名、不見真身的重要幫手，也藉此了解在遇到病症時使用的時機，不再心慌。

擴大內視鏡（Magnifying endoscopy）

✓ 疾病診斷
✗ 疾病治療

用於

早期食道癌、早期胃癌、大腸瘜肉

＊參見案例6、14、21

說明

擴大內視鏡用於觀察胃腸道表面黏膜的微觀結構與微血管結構。黏膜的微表面結構包括正常結構、因發炎與生物反應而改變的結構，以及腫瘤特異性結構。

微血管結構包括正常血管系統及腫瘤微血管，而擴大內視鏡得以放大觀察，讓醫師更易於評估確認，進而診斷。

- -

影像強化內視鏡技術 （Image-enhanced endoscopy，IEE）

✓ 疾病診斷
✗ 疾病治療

用於

早期食道癌、早期胃癌、大腸瘜肉

＊參見案例19

說明

隨著近年來內視鏡技術的進展，利用內視鏡結合一些化學及光學的原理，就可以突顯微小的癌症病灶，讓病灶看得更清楚，因此提高了早期癌的診斷率，統稱為影像強化內視鏡技術，技術包括窄頻影像技術、染色內視鏡等。

影像強化內視鏡配合擴大內視鏡觀察，可以精確評估病灶有無癌化，以及癌症的浸潤程度，再決定要以內視鏡切除或外科手術切除。

- -

染色內視鏡（Chromoendoscopy）

✓ 疾病診斷
✗ 疾病治療

用於

大腸瘜肉、大腸管狀絨毛腺瘤、早期大腸癌及大腸腺瘤

＊參見案例19、22

說明

染色內視鏡是在進行內視鏡檢查過程中使用染色來顯現出黏膜的差異，以及在白光下不明顯的發育不良與惡性變化。醫師能夠更清晰、更敏銳地研究特定區域。

染色內視鏡透過增強黏膜表面圖像的特徵來補充成像，並可能有助於提供深入的細節，從而做出後續更精確的治療決策。

- -

窄頻影像（Narrow band imaging，NBI）

✓ 疾病診斷
✗ 疾病治療

用於

早期食道癌、早期胃癌、早期大腸癌及大腸腺瘤

＊參見案例6、8、14、19、22

說明

隨著近年來光學技術的蓬勃發展，許多醫師以及光學專家們試圖利用各種光學成像技術豐富影像的資訊，藉此提升病灶診斷的準確率。因此光學專家發展出窄頻影像技術，利用一個特殊的濾光盤，過濾出一種窄頻的藍光及綠光，並捨棄紅光的成像，以有利於黏膜表層細微血管的成像，並已經成功地應用在許多消化道腫瘤的偵測與診斷。

窄頻影像技術已經成功地應用在許多消化道疾病及腫瘤的偵測和診斷，包括食道癌、逆流性食道癌、大腸息肉、大腸癌、胃癌等。可以幫助區分腺瘤性瘜肉（adenomatous polyp）及增生型瘜肉（hyperplastic polyp），決定大腸瘜肉的治療方針。

此外，若能配合擴大內視鏡使用，則可觀察病變之細微血管的型態，幫助判斷腫瘤的性質。

氣囊小腸鏡（Balloon endoscopy）

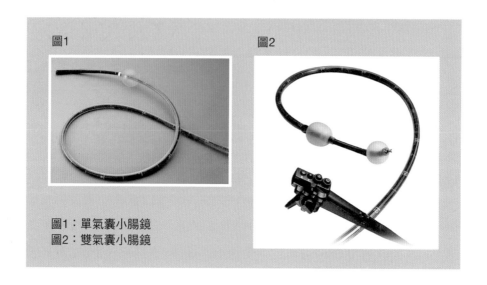

圖1

圖2

圖1：單氣囊小腸鏡
圖2：雙氣囊小腸鏡

✓ 疾病診斷
✓ 疾病治療

用於

小腸瘜肉出血

＊參見案例16

說明

● 雙氣囊

　　最早發明的氣囊小腸鏡是由一條200公分的內視鏡與一條145公分的外套管組成，兩端各有一個氣球，故稱雙氣囊小腸鏡。利用兩個氣球交替充氣來撐住小腸，並將小腸慢慢推進，達到比傳統小腸鏡更深入的地方。

● 單氣囊

後來又有單氣囊小腸鏡的發明，兼具診斷與治療的功能，可以直接切片確定診斷、施予內視鏡止血治療，或是瘜肉切除術。

氣囊小腸鏡的技術是由日本的山本博德（Hironori Yamamoto）教授於2001年提出。

單氣囊小腸鏡僅外套管前端有氣球，雙氣囊小腸鏡除了外套管之外，內視鏡前端也有氣球。氣球的作用是充氣後撐住小腸進行套疊，以縮短通過小腸的過程，可以更有效利用內視鏡的長度並達到比傳統小腸鏡更深的地方。

第二章案例16中的秦奶奶所使用的單氣囊小腸鏡型號為SIF-260（Olympus），使用前先深入半透明矽膠製的外套管（ST-SB1），套管前方有一個電子充氣的氣囊。

- -

膠囊內視鏡（Capsule endoscopy，CE）

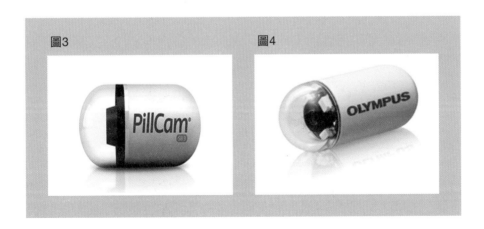

圖3　　　　　　　　圖4

✓ 疾病診斷
✕ 疾病治療

用於

小腸瘜肉出血

＊參見案例16

說明

　　膠囊內視鏡是一種無創診斷程序，由以色列的艾登（GavrielIddan）博士在西元1999年發明，2001年8月通過美國食品藥物管理局的認證並核准上市。一顆像膠囊大小（約26×11毫米）可以觀察消化道內部，前端有微型無線攝影機、光源、影像感應傳送器與精密電池的儀器。醫學上最常運用於鑒別診斷小腸出血的原因。

　　目前使用膠囊內視鏡並非常態性檢查，其最重要性在於提供傳統內視鏡無法克服的小腸檢查。此外，對無法解釋的慢性腹瀉、腹痛、缺鐵性貧血以及懷疑有小腸腫瘤，也具有相當高的診斷價值。

　　● 施作方法：

　　受檢者施作前晚午夜後開始禁食，隔天裝妥記錄片貼片，並裝置好揹負的記錄器，接著吞服膠囊內視鏡。因膠囊電力所及，記錄時間約為8至12個小時，可通過胃、腸、結腸和直腸，拍攝數千張圖像而沒有任何感覺，透過傳輸將影像傳到體外電腦紀錄中。

　　膠囊內視鏡大多在吞服第二天至第四天後即會隨糞便排出，因為影像已經以無線傳輸到記錄器，所以膠囊可以直接丟棄，無需回收。

　　第二章案例16中的秦奶奶身上所使用的型號（PillCamSB3, Medtronic），其大小為2.62×1.14公分，重量為3.0公克。採用156°廣角鏡頭以每秒2到6張速度自動拍攝，續航力至少8小時，最久可達15小時。

內視鏡超音波檢查術
（Endoscopic ultrasonography，EUS）

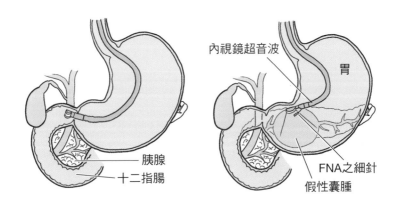

內視鏡超音波

胃

胰腺
十二指腸

FNA之細針
假性囊腫

✓ 疾病診斷
✓ 疾病治療

用於

胃黏膜下腫瘤

＊參見案例13

說明

　　這是一種將內視鏡與超音波結合在一起的檢查方法。藉由內視鏡的操作，把超音波裝置放進體內實施超音波檢查。意即進入食道、胃、小腸或大腸的管腔就可以避開骨頭和氣體的干擾，不僅能看到消化道黏膜表面，也可以看到黏膜下層，更可以看到消化道外圍胸部縱隔腔或腹腔器官的變化。

　　內視鏡超音波檢查的流程和平常的內視鏡檢查相同，醫師操作一般側視型內視鏡的手法是，將探頭深入到消化道管腔適當位置，超音波探頭附在內視鏡的前端。將水灌滿或將氣囊充水後，便能做檢查。

如果內視鏡超音波檢查發現異常：

異常部位	處置
食道、胃、小腸或大腸的早期癌症	安排進行內視鏡切除，或是開刀治療
消化道黏膜下層病變	依據病變的性質安排開刀治療或是定期追蹤
組織及器官的病變，	在內視鏡超音波指引下，實施細針抽吸及切片檢查（EUS-FNA或EUS-FNB），以供細胞及病理化驗，再依細胞及病理化驗結果安排後續治療與處理

高解析度血流內視鏡超音波（High-resolution flow EUS）

✓ 疾病診斷
✗ 疾病治療

用於
胃黏膜下腫瘤
＊參見案例13

說明
　　在經驗豐富的檢查員手中，大多數超音波機器都能操作彩色都卜勒超音波（CCDS），進而快速評估肝臟灌注，包括門靜脈（PV）、肝動脈（HA）和肝靜脈的流量變化，還可以檢測解剖與功能變化。

　　高解析度血流內視鏡超音波是一種定向能量都卜勒超音波，比傳統的彩色和能量都卜勒超音波提供更好的空間和時間分辨率，可更即時觀察血管分佈。胃腸基質瘤通常比平滑肌瘤具備更高的血管性。

彈性內視鏡超音波（EUS elastography）

✓ 疾病診斷
✗ 疾病治療

用於

胃黏膜下腫瘤

＊參見案例13

說明

　　超音波彈性影像是一種非侵入性方法，可與傳統EUS結合使用，並有可能提高診斷準確性、減少在多種情況下對EUS引導組織採樣的需求。彈性成像透過評估超音波探頭對目標組織施加輕微壓力前後EUS圖像的變化，測量組織硬度。癌化與纖維化等病理過程會改變組織彈性，從而引起彈性成像外觀的變化。胃腸基質瘤通常比平滑肌瘤具備較高的組織硬度。

對比增強諧波內視鏡超音波
（Contrast-enhanced harmonic EUS）

✓ 疾病診斷
✗ 疾病治療

用於

胃黏膜下腫瘤

＊參見案例13

說明

　　可藉由對比劑偵測低流速的微小血管，沒有都卜勒效應引起的人為假影，以評估病灶組織的實質灌流狀態。胃腸基質瘤通常具備較高的血管性。

- -

高解析度食道壓力檢查（High-resolution manometry，HRM）

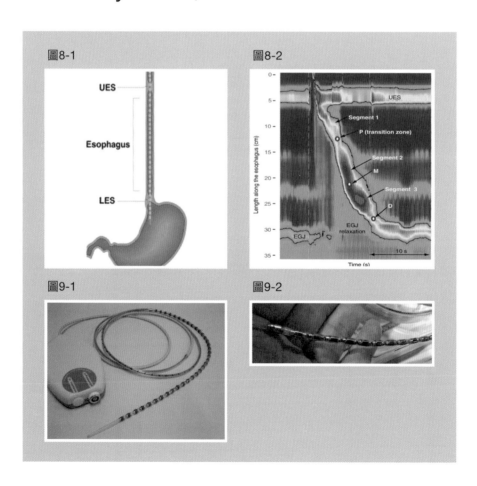

圖9-3

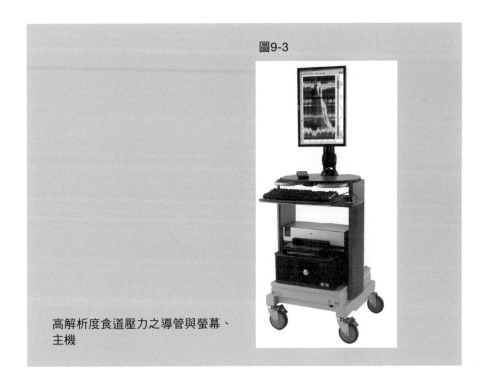

高解析度食道壓力之導管與螢幕、
主機

✓ 疾病診斷
✗ 疾病治療

用於

胃食道逆流症、內視鏡治療、食道弛緩不能

＊參見案例4、5

說明

　　是一種動力診斷系統，使用一系列緊密排列的壓力傳感器測量食道內壓力活動及括約肌收縮事件隨時間變化的幅度，來評估食道運動模式。食道蠕動功能異常的診斷及治療後評估，能夠提供重要依據。

內視鏡超音波導引細針抽吸術（Endoscopic ultrasound -guided fine needle aspiration，EUS-FNA）

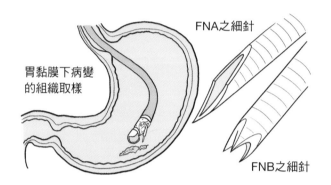

✓ 疾病診斷
✗ 疾病治療

用於

胃黏膜下腫瘤

＊參見案例13

說明

可於超音波掃瞄下看到穿刺針前進，適用於一般內視鏡無法做採樣或深處身體內部無法由體外進行穿刺採樣的病變，例如胃黏膜下腫瘤、膽胰腫瘤或鄰近消化道的淋巴結。

內視鏡超音波導引細針切片術（Endoscopic ultrasound -guided fine needle biopsy，EUS-FNB）

✓ 疾病診斷
✓ 疾病治療

用於

胃黏膜下腫瘤

*參見案例13

說明

　　為了克服EUS-FNA的局限性，針頭設計為獲得活檢標本改為透過從目標病變處剪切組織來收集核心樣本，期望切割針將提高診斷準確性並為組織提供保守的結構，從而能夠進行組織學分析。

- -

24 小時食道阻抗併酸鹼度檢測（24-h multichannel Intraluminal Impedance and pH monitoring，MII-pH）

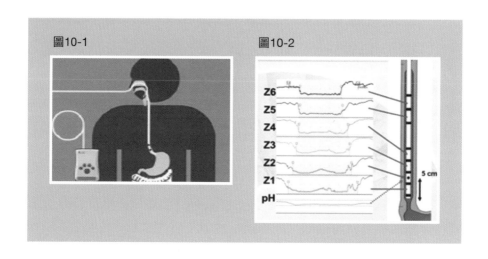

✓ 疾病診斷
✗ 疾病治療

用於

胃食道逆流症、內視鏡治療

＊參見案例4

說明

　　透過細小的導管經鼻腔進入食道，測量當中的酸鹼值和電子阻抗，資料將傳輸到體外配戴的隨身記錄器，提供醫師做臨床評估。這些量測資料可評估食道逆流的成分、方向、酸鹼值與持續時間。

抗逆流黏膜燒灼術（Anti-reflux mucosal ablation，ARMA）

×疾病診斷
✓疾病治療

用於

胃食道逆流、內視鏡治療

＊參見案例4

說明

經內視鏡將食道與胃部交界處的賁門黏膜電燒，形成像是「結痂」的組織，原本鬆弛的賁門就會緊縮，作為治療方式。

- -

經口內視鏡食道肌肉切開手術（Per-oral endoscopic myotomy，POEM）

×疾病診斷
✓疾病治療

用於

食道弛緩不能

＊參見案例5

說明

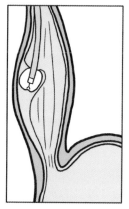
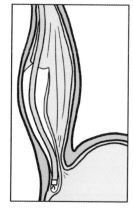

A 進入食道　　　　　　B 食道至賁門

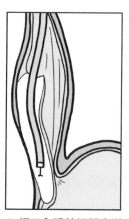
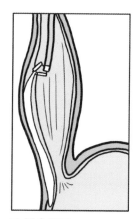

C 經口內視鏡切開食道　　D 閉合開口
　肌肉

　　A. 於賁門上端約5至10公分處，注射藥劑於黏膜下層，使局部黏膜隆起。再利用特殊的電刀將黏膜切開，讓內視鏡鑽入。

B. 如挖隧道般，內視鏡慢慢地於黏膜下層開出一條通道直達胃部賁門處。

C. 利用電刀一路將食道下端到賁門的內環肌肉層切開，切開後操作內視鏡時，可以明顯感覺下食道括約肌肉壓力下降。

D. 內視鏡鑽入口處以止血夾將其閉合，確認沒有滲漏或出血現象即完成術式。

內視鏡黏膜切除術（Endoscopic mucosal resection，EMR）

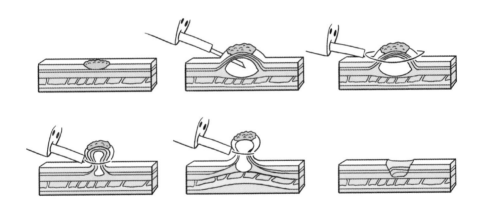

× 疾病診斷
✓ 疾病治療

用於
早期食道癌、巴雷氏食道、早期胃癌、早期大腸癌及大腸腺瘤
＊參見案例20、22

說明

這是一種使用圈套式切除器，將病變由腸壁上切割下來的方法。

先在黏膜下層注射高張溶液，讓黏膜下層厚度增加之後將病灶處與黏膜下層分開；再利用環狀切割器將病灶套住切下，適合1.5公分以下的小型病灶。切除之病灶將送至病理部門進行檢查，檢視其組織型並評估癌症侵犯深度與是否完整切除癌症。

使用這樣微創的內視鏡手術能達到根除腫瘤或取得組織的目的，減少因外科手術所造成之併發症。對年紀大或同時合併有多種慢性疾病者來說，黏膜切除術對身體負擔最小，不僅恢復快，也沒有剖腹手術的術後照顧問題。只是病灶必須為良性或淺層早期癌才有條件以此手術治療。

- -

內視鏡黏膜下剝離術（Endoscopic submucosal dissection，ESD）

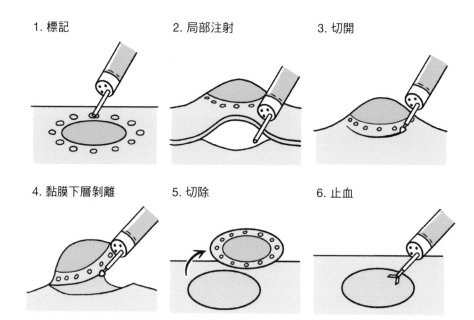

1. 標記　　　　2. 局部注射　　　　3. 切開

4. 黏膜下層剝離　　5. 切除　　　　6. 止血

× 疾病診斷

✓ 疾病治療

用於

早期食道癌、巴雷氏食道、早期胃癌、大腸神經內分泌腫瘤、大腸管狀絨毛腺瘤

＊參見案例6、14、19、20、21

說明

先以碘染色，將病變定位，之後用一把內視鏡小刀在病灶周邊做環狀切開，在黏膜下層注入一些高張溶液，將黏膜下層鼓起，再利用電刀將黏膜下層一刀一刀如削蘋果皮一樣分離，之後病灶就可被完整切除下來。

利用電刀將黏膜下層如削蘋果皮一樣做分離，將病灶完整切除下來。優點為對於較大之病灶（尤其是大於2公分），能提供完整之整體病灶切除，並且有較低之復發率。缺點為執行時間較長，初學者有較高之併發症比率。

- -

置放食道支架（Esophageal stenting）

× 疾病診斷

✓ 疾病治療

用於

進行性食道癌

＊參見案例7

說明

在食道腫瘤壓迫處放置支架，撐開緩解腫瘤導致的食道狹窄，以改善進食能力，增進營養攝取。

射頻消融術（Radiofrequency ablation，RFA）

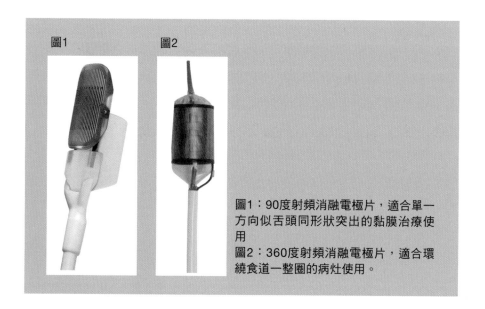

圖1：90度射頻消融電極片，適合單一方向似舌頭同形狀突出的黏膜治療使用
圖2：360度射頻消融電極片，適合環繞食道一整圈的病灶使用。

× 疾病診斷
✓ 疾病治療

用於

巴雷氏食道

＊參見案例8

說明

射頻消融電極片主要有兩種型式：90度以及360度。

在以超音波、電腦斷層掃描或是磁共振造影等工具定位下，將極細的電極片準確插入腫瘤區域，前端會放出無線電射頻電波，電波經過的組織會因離子震盪而產熱，治療區內的溫度會開始上升。之後治療區內軟組織包含腫瘤，便會被燒灼壞死，也俗稱電燒，比起傳統手術或內視鏡黏膜下切除術，技術操作簡易且併發症少。

目前的適應症為巴雷氏食道合併細胞低度分化、高度分化以及黏膜層早期食道癌症，可提供患者一項既安全且有效的新選擇。

- -

內視鏡止血術（Endoscopic hemostasis）

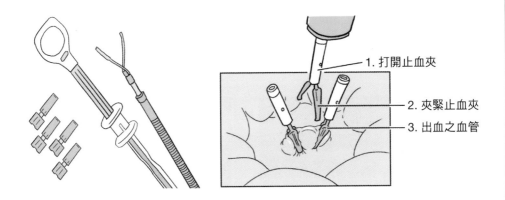

1. 打開止血夾
2. 夾緊止血夾
3. 出血之血管

✕ 疾病診斷
✓ 疾病治療

用於

胃潰瘍急性出血、內視鏡治療、十二指腸潰瘍急性出血

＊參見案例9

說明

　　透過內視鏡進行局部注射、機械加壓或熱凝固等方式以達到止血脂目的。其中，止血夾應用範圍最廣，醫師會視病灶情況決定使用一個或多個止血夾進行止血術。

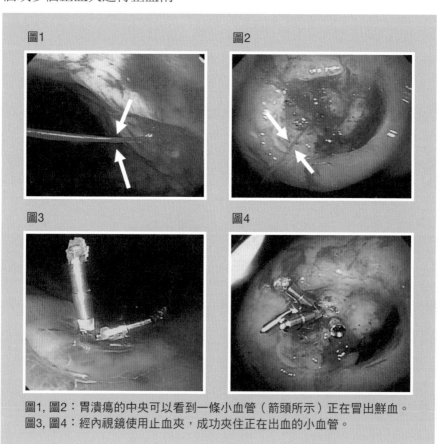

圖1，圖2：胃潰瘍的中央可以看到一條小血管（箭頭所示）正在冒出鮮血。

圖3，圖4：經內視鏡使用止血夾，成功夾住正在出血的小血管。

內視鏡注射術（Endoscopic injection therapy）

× 疾病診斷
✓ 疾病治療

用於
胃潰瘍急性出血、內視鏡治療、十二指腸潰瘍急性出血

說明
經內視鏡將注射針深入病灶處，將藥物注射在病灶處出血點，作為止血用，避免再次出血。

- -

氬氣電漿凝固術（Argon plasma coagulation，APC）

× 疾病診斷
✓ 疾病治療

用於
胃潰瘍急性出血、內視鏡治療、十二指腸潰瘍急性出血
＊參見案例10

說明
利用特殊儀器將氬氣離子化，產生淡藍色的電漿束並在病灶傷口處產生高熱，進行止血。多半適合用在出血範圍較大區域或多個部位出血情況。

- -

內視鏡瘜肉切除術（snare polypectomy）

1. 用環形線圈將瘜肉套住　　2. 套緊瘜肉　　3. 切除瘜肉

× 疾病診斷
✓ 疾病治療

用於

大腸瘜肉

＊參見案例21

說明

　　內視鏡瘜肉切除術是利用環型線圈將瘜肉套住之後通上電流將瘜肉切除，切除後須檢視傷口是否有出血、穿孔。因為瘜肉大多為突出物，因此很容易套上線圈。過去，通電後切除為主，但近年來對於1公分以下病灶多以不通電切除，因為可以顯著降低術後遲發性出血風險，故逐漸取代前者成為主流。

　　有癌化風險的腺瘤性瘜肉或有出血之各類瘜肉，適合做內視鏡瘜肉切除術。有些瘜肉會合併出現癌病變，但是如果癌細胞只侵犯到黏膜層或表面的黏膜下層，仍可接受內視鏡瘜肉切除術。

　　這個手術方法能提供胃腸道瘜肉完整切除的可能性，與傳統切開腹部手術或腹腔鏡手術相比，不僅恢復快、不需住院，而且沒有術後傷口照護的問題，目前與內視鏡黏膜切除術、內視鏡黏膜下剝離術三者同為腸道腫瘤性瘜肉治療的主流。

置放大腸支架（Colonic stenting）

1. 利用X光，透過大腸鏡將一根軟導管插入，並將之穿過阻塞物。

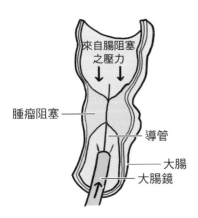

來自腸阻塞之壓力

腫瘤阻塞

導管

大腸

大腸鏡

2. 一個外有細長護套的金屬支架被引導到穿過堵塞物的位置。

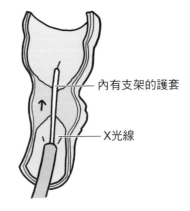

內有支架的護套

X光線

3. 護套於支架釋放置入後縮回，並撤出大腸鏡。

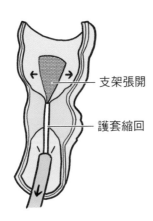

支架張開

護套縮回

4. 支架將在兩天內達到其最大直徑。

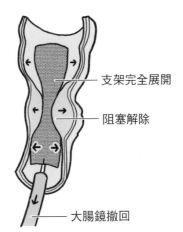

支架完全展開

阻塞解除

大腸鏡撤回

✕ 疾病診斷
✓ 疾病治療

用於

進行性大腸癌

＊參見案例23

說明

　　大腸直腸支架屬於金屬支架，一般可分為有外膜與無外膜兩類。
一種是網狀金屬裸露在外的支架，另一種則是在網狀金屬外還有一層
外膜覆蓋。大腸支架一般是在X光透視下經內視鏡導引進行置放。

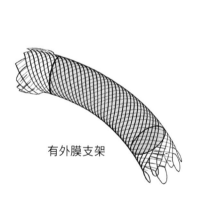

有外膜支架

無外膜支架

● 內視鏡袖狀胃整形術（Endoscopic sleeve gastroplasty，ESG）

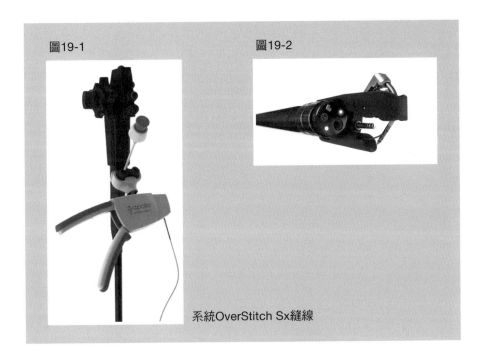

圖19-1　　　　　　　　　　　圖19-2

系統OverStitch Sx縫線

× 疾病診斷
✓ 疾病治療

用於

減重治療

＊參見案例24

說明

　　內視鏡袖狀胃整形術是2012年改良後的內視鏡技術，其原理是利用胃鏡將縫線系統送到胃中，再將胃的皺摺處做縫合，達到將胃縮小

的效果。透過縫線系統縫小的胃，組織會黏緊，所以其縮小效果為長期，目前證實其縮胃效果可達到5年以上。

接受全身麻醉後，縫線系統經由胃鏡經口帶至胃部，由醫師專業判斷最適當距離開始縫合，通常總共縫4條線，範圍由胃的下體部至上體部依次縫合，將胃拉小，拉小的胃會限制患者的食量達到減重效果。

縫合的每條線穿過全層胃壁，拉緊線使胃壁緊緻達到容積縮小的效果，而在縫線完成後，醫師會審視縫線處有無出血情形。

NOTE

Part 4

胃雨綢繆，腸保健康，
　預防保健才是根本

消化道疾病大多數
都是「吃」出來的毛病

　　雖然醫藥科技發展迅速，經常有先進的藥物與手術可以根除，但消化道疾病若沒有搭配飲食及生活習慣的改善，經常會反覆發作或是加重嚴重程度。

　　本章由各個醫師就腸胃保健之道提供門診中常見造成問題的主因，以及流行情況，醫師們更是苦口婆心不僅將保健原則提供給讀者參考，更細細解說單一疾病的個別保養方法，期待大家能聰明飲食、善加對待自己的腸胃。

胃食道逆流的日常保健錦囊

曾屏輝醫師，臺灣大學醫學院內科臨床教授、

台大醫院胃腸肝膽科主治醫師

現代人普遍攝取過多高油脂、高熱量的食物，加上有暴飲暴食、愛吃宵夜，或是抽菸、飲酒、少運動等不良生活習慣的問題，所以診間裡因胃食道逆流來求診的患者愈來愈多。

什麼是胃食道逆流？

胃食道逆流症是指食道與胃交接處的下食道括約肌，因為某種原因鬆弛、不易緊閉，使得胃裡的胃酸或其他內容逆流到食道，而胃酸或消化液中的其他成分可能對食道黏膜造成刺激，出現令人不適的症狀，對日常生活造成困擾，嚴重時甚至會造成食道發炎、潰瘍、狹窄等併發症。

●可能的症狀有哪些？

典型症狀包括胃酸從胃部逆流而上來到食道，造成口腔或喉嚨有酸酸的味道或胸口灼熱，此即所謂「溢赤酸」及「火燒心」，特別容

易發生在吃得很飽、彎腰、平躺或夜間睡眠時,嚴重時會影響生活及睡眠品質。

胃食道逆流症也可能以一些「非典型」的症狀來表現,如胸痛、喉嚨卡卡、異物感、聲音沙啞、長期咳嗽及氣喘等。這些非典型症狀常會使患者以為是呼吸系統或耳鼻喉方面出現問題而前往胸腔科或耳鼻喉科求診,但是往往治療無效,最後才被輾轉介紹至胃腸科,診斷為胃食道逆流。

造成胃食道逆流的原因

要治療或預防胃食道逆流症,首先要瞭解形成原因。造成胃食道逆流的原因相當複雜,主要是**胃酸分泌過多、下食道括約肌關閉不緊、食道的蠕動功能不良**,無法將逆流的胃液推回胃中,或是胃排空的時間較慢所造成。因此,抽菸、喝酒、喝咖啡、濃茶、碳酸飲料、甜食、辛辣或刺激性食物,都可能會刺激胃酸的分泌,使得胃食道逆流的機會大為增加。

●肥胖是主因

此外,**肥胖是胃食道逆流症重要的危險因子**,體型肥胖的人因為不良飲食習慣造成下食道括約肌鬆弛、關閉不緊,或是體型造成食道裂孔疝氣,加上內臟脂肪多,腹內壓力較大,使得食物在胃部停留的時間增長,因而造成胃食道逆流。

●藥物治療可見改善效果

治療胃食道逆流症狀的方法大致上分為藥物與手術兩種方式,多

數患者以藥物治療即可改善症狀。

臨床上用來治療胃食道逆流的藥物很多種，包括一般常見用來中和胃酸的制酸劑、抑制胃酸分泌的第二型組織胺拮抗劑（H2-blocker）及質子幫浦抑制劑（Proton pump inhibitor，簡稱PPI）。

促進腸胃道蠕動之藥物可以增加下食道括約肌的收縮及促進胃排空，減少胃內容物逆流到食道。其中，胃酸是造成胃食道逆流疾病的一大原因，抑制胃酸分泌即可大大減少胃酸逆流至食道。

1. 質子幫浦抑制劑：

這是目前治療胃食道逆流症之首選藥物，作用在胃酸產生過程的最後步驟，可以有效抑制胃酸分泌，且效果持續，副作用少。**對於輕微的胃食道逆流症，通常只需一至四個月不等之質子幫浦抑制劑的治療，症狀即可明顯的改善。**

2. 第二型組織胺拮抗劑：

臨床上也經常以此治療胃食道逆流，不過有效時間較質子幫浦抑制劑來得短，效果也較弱，經過一段時間的服用後，人體會產生耐受性，效果變差

3. 鉀離子競爭性酸阻斷劑（Potassium-competitive acid blocker，簡稱P-CAB）：

這是近年來最新一代的抑制胃酸分泌的藥物，包括Vonoprazan（Vocinti），與質子幫浦抑制劑使用不同機制來減少胃酸分泌，改善症狀並達到黏膜癒合的功用，能夠更迅速且有效的發揮作用。

然而，大多數的胃食道逆流症患者若是沒有配合飲食與生活型態的改變，停藥後症狀往往會復發。

該怎麼預防胃食道逆流呢？

胃食道逆流症是現代人常見的文明病，多與肥胖、飲食及生活習慣不良相關。因此，除了減肥與體重控制之外，飲食習慣及生活型態務必配合改變。

● 飲食習慣

盡量少量多餐，避免暴飲暴食，細嚼慢嚥，才不會因為吃太快而不小心吃太飽或吞進太多空氣。盡量避免至「吃到飽餐廳」用餐，也避免點用大杯的手搖飲。

餐後不要立刻平躺，飯後多散步以幫助消化，睡前4小時避免進食或吃消夜。因此晚上千萬要控制自己的食欲，避免因為各種美食誘惑而吃太飽，誘發胃食道逆流而影響睡眠。

平時避免菸、酒精、茶、咖啡、可樂或其他過甜、過酸的飲食，以免促進胃酸分泌或造成下食道括約肌的鬆弛。

除了大家琅琅上口的「喝咖啡、吃甜食」容易引發胃食道逆流之外，以下歸納胃食道逆流患者應避免的六大類飲食，未有此症狀的讀者也應適量攝取：

太甜的食物	攝取太多甜食如蛋糕、巧克力、甜點或是含糖飲料，會導致血糖上升，胃部排空速度下降，當賁門鬆弛時胃酸便可能逆流到食道。巧克力、薄荷、酒精等也會影響食道括約肌張力，對胃食道逆流更是火上加油。
太酸的食物	酸性飲料或水果如檸檬汁、可樂、柳橙汁、番茄汁、蘋果汁、水果醋、鳳梨、烏梅、李子、柑橘等飲食會刺激胃酸分泌，增加胃食道逆流的機率，本身之酸度會加重對已經受傷的食道黏膜之刺激。

一些常見物質的pH值

物質	pH
鹽酸（10 mol/L）	-1.0
鉛酸蓄電池的酸液	＜1.0
鹽酸（1 mol/L）	0
磷酸（1 mol/L）	1.08
胃酸	2.0
檸檬汁	2.4
可樂	2.5
食醋	2.9
橙汁	3.5
蘋果汁	4.0
啤酒	4.5
咖啡	5.0
茶	5.5
酸雨	＜5.6

太酸的食物

太辣的食物：刺激性食物如辣椒、胡椒、咖哩，容易刺激胃部黏膜和胃酸分泌，同時可能導致胃發炎而加重消化不良及胃部不適。

太油的食物：例如油炸物、肥肉、火鍋高湯，這些會導致胃的排空功能變差，增加逆流機會。

太冰、太燙的食物：冷飲下肚會刺激胃部黏膜及延遲胃的排空速度；太燙的食物則會刺激食道黏膜，加重黏膜的傷害。

容易誘發脹氣的飲食：澱粉類如地瓜、芋頭、馬鈴薯，豆類或是像高麗菜、青花菜、洋蔥、青椒也容易產氣，這些氣體可能造成腹內壓增加，加重胃食道逆流的發生。碳酸飲料或氣泡水也盡量避免。

● 日常

減少腹部壓迫，例如不要穿太緊的衣服，將皮帶、腰帶、束腰等放鬆一些，吃完飯不要劇烈運動，也盡量避免彎腰提重物或彎腰做家事。

● 睡眠

睡覺時床頭或枕頭可以墊高一些，藉由重力減少逆流發生。同樣道理，睡覺時採左側躺，讓食道稍高於胃部，胃酸和殘餘食物比較不會逆流。

● 體型

肥胖的人很容易有賁門鬆弛的情況，腹部脂肪多也會增高腹壓，造成逆流，只要減重兩、三公斤，就可以明顯感受到胃食道逆流的改善。配合上述飲食控制及保持規律的運動習慣，好好控制體重，避免肥胖發生。

● 心情

盡量放鬆心情，保持情緒穩定。緊張、焦慮、壓力可能導致自律神經失調，讓胃腸消化不良，影響胃腸蠕動及胃酸分泌，增加胃食道逆流的發生。此外，這些負面情緒也會強化胃食道逆流症狀的感受，食道黏膜神經會過度敏感，讓人更不舒服。平常應保持規律的運動習慣，紓解生活壓力，正面思考。如有必要，也可以尋求身心科醫師的諮商與協助。

胃食道逆流常常是慢性、經年累月，症狀好好壞壞，不易斷根。但是幸好此病可以好好控制，除了接受正規的藥物治療之外，日常飲食生活方面不要吃太快、太飽，不要太晚吃，不要吃太甜、太油、太

酸、太辣、太冰的食物，不抽菸、不喝酒，飯後多散步，平時多運動，維持標準體重，避免肥胖，更要保持一顆愉悅的心，若能配合做到，一定可以有效預防或減緩胃食道逆流！

建議讀者觀察自己一天的作息與飲食，
調整並改改善觸發胃食道逆流發生的壞習慣。

NOTE

幽門螺旋桿菌的感染預防保健之道

劉志銘醫師,臺灣大學醫學院附設醫院內科臨床教授、
癌醫分院綜合內科部主任

胃潰瘍及十二指腸潰瘍(消化性潰瘍)的元凶

1980年之前,醫學界一直認為消化性潰瘍是生活習慣或壓力造成胃酸分泌過多導致的疾病,因此治療上都以抑制胃酸的藥物為主。然而,超過九成以上的病人會反覆發作,幾乎無法根治,因此有些學者陸續提出消化性潰瘍可能與病原菌有關,但科學家一直無法由胃液中培養出病原菌,直到1982年兩位澳洲醫師成功地自胃液培養出幽門螺旋桿菌(*Helicobacter pylori*)之後,後續多項研究都證實幽門螺旋桿菌是許多上消化道疾病的致病原因,包括胃潰瘍、十二指腸潰瘍、胃黏膜相關淋巴瘤、胃癌等,這個發現也徹底改變了百年來世人對於消化性潰瘍的觀念以及治療方式。

＼ 什麼是幽門螺旋桿菌？ ／

幽門螺旋桿菌是一種革蘭氏陰性細菌，長約2至4微米，由於它具有特殊的螺旋結構及鞭毛，能夠鑽入胃黏液而達到胃黏膜上。此外，幽門螺旋桿菌也可以分泌大量的尿素酶，並將其轉化為鹼性的氨以中和胃酸，形成一層堅固的防護壁壘於菌體四周，以防胃酸的侵蝕，因此幽門螺旋桿菌可以長期存活在胃部，並造成胃部的發炎及相關疾病。

1994年，美國國家衛生研究院提出，**多數常見的胃炎疾病均由幽門螺旋桿菌造成**，建議在治療過程加入抗生素，臺灣健康保險署（當時為健保局）也在1997年起給付消化性潰瘍患者之幽門螺旋桿菌根除治療。

根據世代研究結果的估算，**幽門桿菌感染者罹患胃腺癌的風險比無感染的人高出6至10倍**，動物研究也證實蒙古沙鼠在感染幽門螺旋桿菌一年後，有37%的蒙古沙鼠會發生胃腺癌，若是及早給予除菌治療，便可以避免胃癌的發生。因此，國際癌症研究組織在1994年將幽門螺旋桿菌列為第一類的致癌物質。2005年，當時發現幽門螺旋桿菌的兩位研究人員華倫（Robin Warren）和馬歇爾（Barry J. Marshall）也因為這個重要的發現獲得諾貝爾醫學獎。

幽門螺旋桿菌的流行狀況與感染原因

　　幽門螺旋桿菌的感染是全球性的,估計世界上約有一半以上的人口感染過幽門桿菌。較落後的國家因為衛生條件較差,有比較高的盛行率,在已開發國家盛行率則較低。

●台灣的狀況

　　臺灣成年人幽門螺旋桿菌的盛行率隨著經濟狀況與公衛環境的改善,目前臺灣二十歲以上成年人幽門螺旋桿菌的年齡標準化盛行率為32%,估計全國共有579萬的成年人有幽門螺旋桿菌的感染,其中高風險地區的盛行率更可達60%。

幽門螺旋桿菌盛行率	
開發中國家	已開發國家
50-80%	20-50%

年代	幽門螺旋桿菌盛行率
1990	55%
2022	32%（20歲以上成年人30%,孩童與青少年10%）

●幽門螺旋感染怎麼傳播的?

　　學者認為幽門螺旋桿菌的傳染途徑主要是「經口傳染」,飲水、食物或牙齒、唾液都有可能傳播,而且個人衛生習慣及周遭衛生環境也與感染的可能性有很大的關聯性。過去研究也發現可以從受感染對象的嘔吐物、糞便和唾液中培養出幽門螺旋桿菌,顯示幽門螺旋桿菌

可能透過唾液、嘔吐物及糞便傳播。面臨不適生長的環境時，幽門螺旋桿菌會轉化為球狀形式，受污染的水源也可能是傳染的來源之一。

● 家庭因素是感染主因

根據流行病學的研究，家庭內的相互傳染是幽門螺旋桿菌感染的重要來源，大多數的感染是在孩童時期便染菌。幽門螺旋桿菌的流行情形與社會經濟狀況關係密切，尤其是童年時代所處環境影響最為深遠。童年時代生活條件的不良，無良好的供水系統，居住環境擁擠共臥一床，均易導致此菌的感染乃至流行。基因分型顯示在家庭中，母親－子女菌株的一致性為56%，在81%的家庭中，兄弟姐妹之間至少有兩人有一致的菌株。然而，在配偶之間的傳播仍然有待確認。

幽門螺旋桿菌與胃、十二指腸潰瘍或胃癌之間的關係

● 染菌會增加消化道潰瘍與癌症之比例

一般而言，多數得到幽門螺旋桿菌感染的人終其一生會呈現無症狀的慢性胃炎，只有少部分人會有消化性潰瘍、胃癌與產生胃黏膜淋巴瘤的狀況。相對地，在十二指腸潰瘍、胃潰瘍及胃癌患者的胃黏膜上，可以找到幽門螺旋桿菌的存在。因此若能將此菌清除乾淨，不但能改善胃炎情況，胃與十二指腸潰瘍會癒合，潰瘍就不會反覆發作。

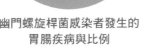

幽門螺旋桿菌感染者發生的
胃腸疾病與比例

消化道潰瘍與癌症病患感染
幽門螺旋桿菌的比例

　　許多研究顯示胃、十二指腸潰瘍患者在根除幽門螺旋桿菌之後，潰瘍復發率由60至70%降至10%以下。日本一項大規模的追蹤研究發現：一千多位內視鏡追蹤檢查的病人，在7-8年後，1246位幽門螺旋桿菌感染者中有36人出現胃癌；而280位沒有感染幽門螺旋桿菌者中則沒有任何人罹患胃癌。值得一提的是，胃癌的致癌因素多重，除了幽門螺旋桿菌感染之外，亦與長期食用高鹽、醃、燻、含亞硝酸鹽類之食物，以及缺乏攝取維生素C有關，而個人的遺傳差異或感染到不同的幽門螺旋桿菌亞型也可能是造成胃腺癌與胃淋巴瘤的原因之一。

●根除幽門螺旋桿菌有機會降低胃癌發生風險

　　在學術界已有相關文獻發表，七個關於「胃癌初級預防」的隨機分派試驗，總共納入了8323名的幽門螺旋桿菌感染者，其中有4206位接受幽門螺旋桿菌根除治療，另外4177位未接受除菌治療或接受安慰劑。在試驗結束時（追蹤4至22年），治療組與非治療組分別有68名和125名受試者發生胃癌，顯示除菌治療可以降低45%的胃癌風險。在馬祖進行的族群幽門螺旋桿菌篩檢與根除計畫進一步發現，在大規模篩檢與根除幽門螺旋桿菌的12年之後，馬祖胃癌的發生率顯著減少

了53%，也預測到了2025年時，馬祖胃癌的發生率將可以減少68%。因此建議優先針對胃癌中高風險的民眾進行幽門螺旋桿菌篩檢，但對於已經檢驗為陽性的民眾，建議除非有競爭性考量之外（例如有嚴重共病者），所有感染者宜接受幽門螺旋桿菌根除治療。

幽門螺旋桿菌感染檢測

檢查胃部是否有幽門螺旋桿菌的感染，可以分成兩種檢查方法：需做胃鏡及不需做胃鏡。

1. 病患做胃鏡檢查時，在檢查同時，由醫師進行胃黏膜切片，將取得之黏膜檢體下述檢查：

快速尿素酶試驗 （rapid urease test）	將切片的胃黏膜檢體置入含尿素及酸鹼呈色劑之培養基中，若胃黏膜上有幽門螺旋桿菌之存在，將使含酸鹼色劑之培養基由黃變紅，一般約需時1至24個小時。
組織學檢查	將胃黏膜檢體送病理切片，染色後在顯微鏡下以目視尋找有無幽門螺旋桿菌，需時約5天。
細菌培養	將胃黏膜切片檢體置入特殊之培養液中，送至細菌室進行細菌培養，一般約需時5至7天。
聚合酶鏈鎖反應（PCR）	萃取胃黏膜檢體之去氧核醣核酸，再以聚合酶鏈鎖反應加以放大來偵測微量的幽門螺旋桿菌，一般約需時5至7天。

2. 若病患不需要做胃鏡檢查，但想知道有無幽門螺旋桿菌感染，可用以下之方法檢測。但這些方法並無法確定有無胃潰瘍、十二指腸潰瘍、胃黏膜相關淋巴瘤或胃癌等。

血液檢查	藉由測定血清中是否含有抗幽門螺旋桿菌之IgG抗體,可知道是否有幽門螺旋桿菌之感染,但檢測結果不代表目前有感染,其意義是曾經感染過或現在仍持續感染中。
碳13尿素呼吸試驗（C13-urea breath test）	是利用細菌本身具有尿素酶可分解外來吞入尿素的特性來鑑定,此法不會對病人造成傷害及不適,且準確度也很高,約90%。
幽門螺旋桿菌糞便抗原檢測	可偵測糞便中是否有幽門螺旋桿菌之抗原,其缺點是檢體需保存在冰箱,且在檢體置放超過2天至3天時準確性會變差,從90%降到70%。

如何治療幽門螺旋桿菌感染？

●組合治療（三合一或四合一治療）

目前第一線治療建議使用四合一治療,包括10至14天鉍劑四合一處方或14天非鉍劑四合一處方治療。若是居住地區的克拉黴素（Clarithromycin）抗藥性較低時,可以使用14天之三合一處方治療為替代療法。若第一線治療未成功,可採取第二線治療,處方包括鉍劑四合一療法、含levofloxacin三合一或四合一療法,皆可作為第二線的治療處方。

至於病人該用哪種療法,則由醫師進行評估。首要考量包括病患有無藥物過敏史、該地區的抗生素抗藥性盛行率,同時也要兼顧病人對用藥的遵從性,據此選擇最適合的療法。

●治療的副作用

部分民眾在除菌治療治療期間會有輕度到中度的副作用,包括噁

心、嘔吐、頭暈、腹部不適、腹瀉、食慾不佳等。服用鉍劑的人，排便顏色會較深，甚至是黑便，此為鉍劑代謝後的變化，並非消化道出血。除菌處方可能與病患平時服用的慢性用藥有交互作用，例如同時正在服用降膽固醇藥物（statin類），以及酒精、葡萄柚等，服藥期間須遵照醫師指示停用或避免食用。

若經過兩次以上除菌治療仍未能成功，這類難治性幽門桿菌患者建議優先依抗藥性檢測結果，持續接受抗生素治療。但是在考量檢測幽門螺旋桿菌的方便性、成本和患者偏好後，亦可根據用藥史的經驗性選藥，這時通常就會建議選用含有較高劑量之質子幫浦抑制劑的四合一療法，治療14天。

●根除後再感染率很低

篩檢及治療幽門螺旋桿菌後，要再確認除菌治療的療效。目前建議在除菌六週後，可以用碳13呼氣測試或幽門螺旋桿菌糞便抗原來監控。有時因為抗藥性改變，可能造成除菌成功率下降的可能性。成功除菌後，再感染率很低，每年在台灣的再感染率約為1至2%，由於家庭成員的交互感染是再感染的原因之一，因此成功除菌後，其同住家庭成員亦可考慮接受篩檢，以降低新感染或除菌者再感染的風險。

若過去曾有胃、十二指腸潰瘍病史、萎縮性胃炎病史、曾經因為胃癌經手術切除、患有胃黏膜相關性淋巴瘤患者，或是一等親屬（父母、兄弟姊妹或子女）有胃癌病史，且本身未接受過幽門螺旋桿菌篩檢及根除時，建議在醫師的評估與安排下接受適合的幽門螺旋桿菌篩檢與治療。

胃癌的預防與保健之道

李宜家醫師，臺灣大學醫學院內科臨床教授、
台大醫院醫學研究部副主任

　　胃癌泛指原發於胃部的惡性腫瘤，而胃癌病人中有九成以上都是由胃黏膜細胞病變的胃腺癌，因此常聽聞的胃癌其實是指胃腺癌。

　　依據國民健康署公佈2019年癌症報告顯示，胃癌列於國人十大癌症發生人數的第九位、十大癌症死亡率的第八位。雖然年齡標準化的胃癌死亡率已經下降，但由於老年化的人口結構，臺灣每年胃癌的新發生個案下降相當緩慢，每年仍約有3500人新診斷罹患胃癌。胃癌的好發年齡為50歲以上，而男性胃癌發生率約為女性的兩倍。

胃癌的成因是什麼？有家族病史的人要注意！

　　胃癌的形成原因很複雜，但大致上與環境因素、飲食因素、遺傳與免疫因素以及慢性胃炎有關。在這許多相關因素中，「幽門螺旋桿菌」的感染是日後胃癌形成的最重要危險因子，約有9成的胃癌是由幽門螺旋桿菌感染所引起。

　　幽門螺旋桿菌是經口傳染，根據流行病學的研究，家庭內人與人的相互傳染是重要來源，而多數感染者皆在孩童或青少年時期受到已帶菌的家庭成員傳染。在幽門螺旋桿菌的感染下，會引起胃部持續的慢性發炎，進而造成慢性萎縮性胃炎或黏膜腸上皮化生的癌前病變。

　　透過篩檢以及根除治療，預期可大幅降低胃癌的發生，達到預防胃癌的效果。同樣都是罹患胃癌的危險因子還包含：老年、有一等親罹患胃癌的家族史、男性、常食用硝酸鹽燻製的食物、抽菸、喝酒、缺乏攝取蔬果類、缺乏運動。因此，改善不良的生活習慣也相當重要，若有家族史者應定期以胃鏡篩檢。

罹患胃癌的症狀

　　胃癌主要會先從胃黏膜發生，再根據癌細胞入侵組織的嚴重程度分為「早期胃癌」與「進行性胃癌」，其臨床上的症狀差異很大。台灣目前早期胃癌的診斷率約僅20%：

	早期胃癌	進行性胃癌
病灶影響範圍	局限於胃壁黏膜層或合併黏膜下層	已侵犯肌肉層、漿膜層或相鄰器官
手術切除五年存活率	大於90%以上	約10%

　　早期胃癌常常沒有症狀，且通常不具特異性。最常見的臨床胃癌症狀是消化不良，例如上腹疼痛、反胃、灼熱感、腹脹或胃口不好。若發現已有體重下降，或因胃腸阻塞所造成的嘔吐現象，或發生黑便貧血的症狀時，這時多半已是進行性胃癌了。

診斷胃癌的尚方寶劍：胃鏡

雖然接受幽門螺旋桿菌除菌治療後，能有效減緩胃部慢性發炎，降低癌前病變的發生，進而減少胃癌的風險，達到預防胃癌發生的效果。然而，當胃癌病灶已形成時，雖經過除菌治療，其胃癌病灶已是不可逆階段，仍會持續進展，因此必須尋求其他介入性檢查來診斷胃癌病灶，例如胃鏡。

●目前胃鏡是檢查食道、胃及十二指腸的最準確的工具

在上消化道的結構上，胃部往上與食管、咽喉與口腔相連；往下則是與十二指腸及小腸相連。由於有口部這個通道的存在，醫師可以直接將上消化道內視鏡從嘴巴進入，經過咽喉與食道後，在內視鏡頭抵達胃部時，即可直接經由體外的電子影像投射螢幕來觀察胃黏膜的變化。

若發現有疑似病灶的部位，更可以立即使用組織採檢鉗子，直接抓取該組織到體外，讓病理科的醫師在顯微鏡下觀察該組織是否為癌病變或者是癌前病變，協助看診醫師做正確的診斷。

治療胃癌的方法

●早期胃癌

隨著消化道內視鏡的發展與技術的精進，在適當的患者經過完整評估與篩選條件下，目前針對早期的胃癌病灶，可以利用**內視鏡黏膜下剝離術**將病灶完整的切除。

因為早期胃癌病灶為局限於胃壁黏膜層或合併黏膜下層，內視鏡

黏膜下剝離術乃是在內視鏡的操作下，經由黏膜下層，將早期癌症病灶與其下正常的黏膜下層，逐步慢慢剝離以達到整體病灶之完整切除。

與傳統手術治療相比，最大的優點是保留完整的胃結構而不影響消化及蠕動機能，即使是較大的病灶亦能提供完整性切除，局部復發率也極低。不過，內視鏡黏膜下剝離術會因病灶的大小與發生位置的不同，執行手術的時間可能會比較冗長，而相關併發症則有出血或穿孔等案例。

● 進行性胃癌／轉移性胃癌

前者則以**外科手術含腹腔鏡手術**為標準治療，後者則以**化學治療**為主。

● 良好飲食運動習慣為保胃良方

幽門螺旋桿菌感染會引起胃部持續慢性發炎，是日後胃癌形成的最重要危險因子，因此，若能接受幽門螺旋桿菌的篩檢及治療，可有效減緩胃部慢性發炎，降低癌前病變的發生，進而減少胃癌的形成。

少數病患已經發生慢性萎縮性胃炎或黏膜腸上皮化生（Intestinal metaplasia），原本正常的胃黏膜因慢性發炎受損，部分轉變類似「腸細胞外形」，久了之後有機會形成胃癌，除菌治療無法有效完全消除這些癌前病變，仍需定期接受內視鏡檢查以早期診斷癌症病變。

戒菸、避免常食用硝酸鹽燻製與過鹹的食物、增加攝取蔬果、規律的運動習慣，亦皆是保健胃部的方法。一旦有臨床警訊症狀出現時，如有上腹不適、體重減輕或消化道出血嚴重症狀等，應該立即就診，並且安排胃鏡檢查以盡早發現病灶。

食道癌的333 預防保健大作戰

王文倫醫師,義守大學副教授、義大醫院胃腸肝膽科主任

　　食道癌是台灣常見癌症,全球每年約有五十萬人死於食道癌,長年位居臺灣癌症死因前十名,在男性更是十大癌症死因的第五位。食道癌依據細胞特性,主要可分為鱗狀上皮細胞癌與腺癌兩種,分別有不同的成因與好發位置。在臺灣,約有九成左右的患者屬於鱗狀上皮細胞癌;歐美則約六成是屬於食道腺癌。近年來國人食道鱗狀癌的發生率仍然在快速增加當中,西方國家的食道腺癌更是發生率增加最快速的癌症。食道癌好發於五十至六十歲的中年男性,一旦罹癌許多家庭將失去主要的經濟支柱,對社會成本影響甚鉅,因此食道癌的預防保健是非常需要注意的健康議題。

● 沉默的殺手

　　由於食道癌剛發生的時候不會出現症狀,因此當出現吞嚥困難的症狀而被確定診斷的時候,高達八成患者都已經屬於晚期階段,無法做根治性的治療,因此存活率非常差,五年存活率不到20%。然而若能早期診斷,有機會可以完全根除而達到九成以上的治癒率。

當食道長期暴露於危險因子之中，細胞會產生所謂的癌前病變，若此時沒有被發現，根據統計三年內就可能會演變成食道癌，對於無聲的食道癌前病變或早期食道癌(零期或I期)，內視鏡不僅是篩檢的利器，更可以在體外無創的方式下，進行切除或電燒，達到治癒的效果。針對這些防治保健的新資訊，我們加以整合並提倡「食道癌333預防保健大作戰」，透過瞭解食道癌三大危險因子、三大癌前病變、三大診斷利器，不僅可以有效診斷並根治食道癌，更期望民眾們能獲得相關領域的最新知識，與醫護同仁一同努力，加入永久遠離食道癌的行列。

三大罹癌危險因子

食道是連接口腔與胃之間的管道，所以食道癌可以說是一種吃出來的病，包括吃入一些致癌物、喜歡喝熱茶（超過67°C）、平時飲食缺乏維生素礦物質、暴飲暴食導致長期胃食道逆流等。雖然食道癌的危險因子相當多，但**喝酒、抽菸、嚼檳榔**仍是最重要的三大致癌危險因子，有這些習慣的人罹患食道癌的風險分別是一般人的8倍、4倍以及2倍，若同時有以上3種習慣的族群，罹患食道癌的風險更高達一般人的100至200倍。

過去幾年經由衛生福利部國民健康署口腔癌與菸、檳榔防治政策的施行，有初步的顯著成果，國人抽菸、嚼檳榔的人口逐年下降，但在這三大危險因子

中最嚴重的是飲酒，過去許多研究顯示，每天超過24克酒精的攝取量（每週超過168克），就可能會增加罹患食道癌的風險。

＼ 酒精克數可以用簡單的公式來換算 ／

飲酒量×濃度×酒精密度（0.8）

例如喝一罐350毫升，酒精濃度5%的啤酒，

計算之後可知酒精的攝取量為14克，這樣一天只要

喝兩罐就超標了，遑論長期酗酒更可能罹患口腔癌、

下咽癌、肝癌、大腸癌等。根據統計，每30位癌症患者就有一位是

因為喝酒引起。

● 「臉紅紅」的高風險族群

更值得注意的是，45%的台灣人帶有一喝酒就臉紅的「紅臉族」基因，比率遠高於歐美國家。這些人是食道癌的高風險群，也更不適合喝酒，因為酒後容易臉紅的成因主要為體內缺乏代謝酒精的酵素（乙醛去氫酶，ALDH2），這些患者的基因突變導致ALDH2酵素活性遠低於一般人，儘管表面上看似酒量尚可，實際上飲酒後會造成中間產物，也是一種致癌物乙醛，會在體內大量累積，導致食道癌的產生。

台灣的食道癌患者中高達75%都帶有這種酵素缺陷的基因，若又有飲酒習慣，罹患食道癌的風險是一般人的80倍以上。因此，認識自己的身體狀況很重要，每日的建議酒精攝取量也不宜超過20克，遠離

酒精才能永久遠離食道癌。

● 三大癌前病變

食道癌的形成不是一天就發生，食道表皮需要長時間暴露於致癌因子之下，先形成食道癌前病變，之後再演變成食道癌，所以若能清楚認識食道癌前病變，及早檢查，在病變早期階段進行治療，就可以防止食道癌的發生。

食道癌有三大癌前病變，分別是巴雷氏食道、異型增生（Dysplasia）及食道背景黏膜呈現斑點，又稱豹紋（Speckled pattern）。

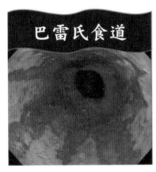

1. 巴雷氏食道

長期胃食道逆流會導致食道表皮產生變性，從原本的鱗狀上皮轉變成可以耐酸的柱狀上皮，在轉變的過程中可能發生癌化的風險，所以巴雷氏食道是食道腺癌的癌前病變。根據統計，每年癌化的風險平均約0.5%。

長期有胃食道逆流症狀的患者，若是就醫接受內視鏡檢查時，發現上圖左邊的長條狀紅色區域，也就是疑似巴雷氏食道的病變。若是超過3公分，癌化的風險較高，醫師會加以切片檢查及病理確認。若

證實為巴雷氏食道，可以至胃腸專科門診，根據病兆的長度及病理檢驗結果，評估是否需要接受後續的內視鏡治療。

目前可以藉由內視鏡射頻電燒術治療，利用一個特製晶片將巴雷氏食道完整燒除，無需動大刀也不需住院，30分鐘內即可完成，有效預防食道腺癌的發生。

2. 鱗狀上皮異型增生

這是台灣人常見食道鱗狀癌的癌前病變，在碘染色內視鏡下會呈現淡黃色或粉色碘染不上顏色的區域（如上圖中間）。

據統計，若是此一屬於高度異型增生（high-grade dysplasia）的病變未加以治療，則三年內有高達75%的機率會演變成嚴重的食道鱗狀癌。因此，在食道出現異型增生的階段就需要趕緊治療。

目前可用內視鏡治療技術，如內視鏡黏膜下剝離術或者內視鏡射頻電燒術，都可以安全有效的加以根除，防止食道癌的發生。

3. 食道黏膜出現豹紋斑塊

若是在食道上噴灑一些低濃度的碘溶液，呈現許多微小碘無法染上的斑塊，就像豹紋一樣，表示可能為罹患食道癌的高風險群。

過去研究發現，這些患者大多是長期酗酒且同時缺乏代謝酒精酵素的族群，每年有高達10%的風險可能會發生食道癌，因此食道背景黏膜呈現斑點的人，應該更密集接受內視鏡的追蹤檢查，或採取更積極的內視鏡電燒治療，才能有效預防食道癌。

三大診斷利器

● 傳統的消化道內視鏡比較難準確診斷

上消化道內視鏡（所謂的胃鏡）是目前對於食道癌最直接的診斷工具。傳統的內視鏡是以紅、綠、藍三元色成像，然而食道癌前病變或是早期食道癌都是扁平型，表面沒有任何突起，在一般的白光內視鏡下僅有非常細微的變化，如稍微變紅（如下頁圖三），因此要在癌前階段就發現病變並準確診斷是相當困難的事，研究顯示有高達40%的病兆可能會被忽略。

● 精確判斷的最佳幫手：
　窄頻影像、擴大內視鏡、碘染色內視鏡

近年來隨著內視鏡光學技術的進展，誕生了三種食道癌診斷利器：窄頻影像、擴大內視鏡、碘染色內視鏡

1. 窄頻影像（Narrow band imaging，NBI）：

由於食道癌前病變或早期食道癌最大的特徵是，表面的微細血管會增生且產生扭曲變形。藉由內視鏡光學處理，濾掉了波長較長的紅光，留下穿透較為表淺的藍光及綠光，並將頻寬變窄，就能突顯出表面的微細血管結構。

在這個模式下，異常的食道病灶與周邊相比會變成褐色（如圖四左1箭頭所示），可以讓醫師發現病灶所在，並有效提升至少30%食道病變的診斷率。

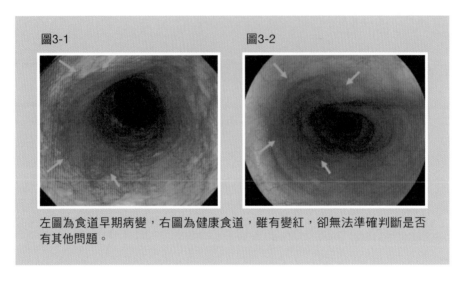

圖3-1　　　　　　　　　　　　圖3-2

左圖為食道早期病變，右圖為健康食道，雖有變紅，卻無法準確判斷是否有其他問題。

2. 擴大內視鏡

在發現疑似病灶後，醫師下一步可以利用擴大內視鏡立即評估病灶是否為癌變，擴大內視鏡可以在NBI模式下將病灶放大約80倍至100倍，直接觀察病變中微細血管的型態。若是呈現開花狀且扭曲變形的微細血管（如圖四中間），則可診斷食道癌前病變或早期食道癌，並可依此血管型態評估腫瘤的侵犯深度來決定最佳的治療方式。

3. 碘染色內視鏡

這一方法則是利用碘染色法，使用1.5%濃度的碘溶液（Lugol solution）經由內視鏡噴灑於食道表面，正常食道的鱗狀上皮因為含有肝醣會被碘染成深褐色，但癌變的部分因為肝醣消失會呈現淡黃色或粉色的不染帶（如圖四右邊）。醫師藉此可以精準診斷，並且檢測患者是否為食道背景黏膜呈現斑點食道癌高風險群。

　　這三大診斷利器可謂相輔相成，協助醫師快速找到疑似病灶，並能夠明確呈現病灶的數量與範圍，以利後續治療計畫的擬定，是食道癌防治不可或缺的三大利器。

圖4

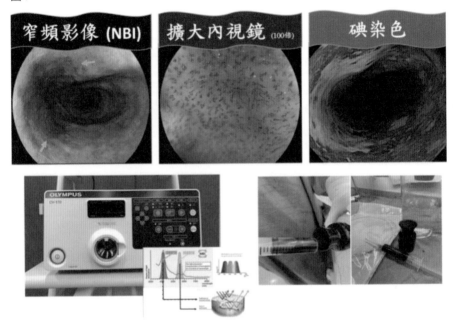

　　食道癌有三大危險因子、三大癌前病變、三大診斷利器，結合後續先進內視鏡治療技術，不僅可以有效根除食道癌前病變，即使是早期的食道癌，亦能達成九成以上的根治率，臺灣人因基因體質的緣故，屬於食道癌的高風險族群，應對於食道癌「早期預防、早期診斷、早期治療」的三早策略有更清楚的認識，與醫療團隊一同努力，達成永久遠離食道癌的最終目標。

大腸癌的預防與保健之道

邱瀚模醫師，臺灣大學醫學院內科臨床教授、台大醫院綜合診療部主任

　　大腸癌是目前臺灣最常見的惡性腫瘤之一，每年有超過一萬六千人罹患大腸癌。過去被認為是西方人的癌症，如今亞洲地區的罹患人數已經超過全球的一半。在新聞媒體上也屢見國內外名人罹患大腸癌，甚至因而過世的消息。

• 大腸癌大多無家族史

　　根據國內外研究，在新診斷的大腸癌個案當中，有家族史的患者只占30%，也就是說大部分的大腸癌患者都沒有家族病史。根據臺灣本土研究，一個人如果超過五十歲後終其一生都不接受篩檢，其終生大腸癌罹患率約為7%，也就是說每15個人將有一個會罹患大腸癌，十分的驚人。

　　大腸癌與各種慢性疾病息息相關，有非常大比例是因為後天的生活習慣或飲食習慣所引起。這些慢性疾病包括肥胖、糖尿病、新陳代謝症候群等，而相關不良習慣包括抽菸、運動不足等。由於這些危險因子恰好與心血管疾病的危險因子重疊，因此近年來大腸癌增加的趨勢與心血管疾病的增加趨勢相仿，基本上與生活習慣不良、飲食習慣

西化脫不了關係。

美國是全世界第一個大腸癌的發生率與死亡率皆逐漸下降的國家，而美國癌症協會（American Cancer Association）在2010年做的一項電腦模擬研究顯示，大腸癌的發生率與死亡率下降的原因有五成歸功於篩檢，約有三成是生活習慣的改善。

● 篩檢是預防大腸癌的不二法門

「篩檢」可以讓癌症早期被診斷出來，才能早期接受治療。目前全國的癌症篩檢除了大腸癌之外，還有乳癌、子宮頸癌、與口腔癌。然而大腸癌篩檢是少數「不僅可以降低死亡率，同時也可以降低發生率」的篩檢。為什麼這些不同癌症種類之間會有這樣的差異呢？因為大腸癌有其他癌症所沒有的特徵——有「癌前病變」，而且時間非常久。

如能在早期癌的階段就被醫師偵測並加以治療，可以提高後續存活率，藉此降低死亡率。如果能在尚未癌化的「癌前病變」階段就被檢查出來，並予以切除，可以避免癌症的發生。相較之下，乳癌和口腔癌一旦有病灶便是癌症，因此篩檢只能降低死亡率，但無法降低發生率，這也是大腸癌篩檢最大的優勢。

許多人會問：「我沒有症狀為什麼要做篩檢？」因為絕大多數的早期大腸癌都沒有任何臨床症狀，因此若是出現症狀才就醫，多半都已經癌症2期以上了。

● 篩檢方式與建議篩檢年齡

大腸癌篩檢方式可以分為兩大類：

1. 直接以內視鏡檢查如大腸鏡施行篩檢，直接以內視鏡觀察大腸黏膜上是否有腫瘤性病灶。

2. 以非侵入性檢查如糞便潛血檢查進行初步篩檢，先找出大腸癌或大顆腺瘤這類高危險群，再施以大腸鏡檢查。

由於目前台灣50歲到75歲的人口超過600萬人，因人數且後續追蹤所需時間與金錢龐大，目前臺灣以免疫法糞便潛血檢查先篩檢出高危險群，再施以大腸鏡進行確診。

過去建議從50歲開始做大腸癌篩檢，每兩年作一次免疫法糞便潛血檢查。如果一等親有罹患大腸癌的家族史，則建議自40歲開始做大腸鏡篩檢，結果正常就五年後再做一次。

近年來年輕人，尤其是40至49歲的大腸癌患者人口顯著增加，國際篩檢指引紛紛將年齡下修，即便無大腸癌家族史者也建議45歲開始篩檢。臺灣政策雖然尚未下修篩檢年齡，但是如果經濟能力可以負擔，建議提早五年進行自費篩檢。一般而言，大腸癌風險的高峰期在70歲之後就逐漸下降，倘若在此年齡之前都有規律篩檢，其實風險就已經相當低了。

●篩檢的實際效果

以「糞便潛血檢查，再施行的大腸癌篩檢」的效果如何呢？從2004年開始進行「全國大腸癌篩檢」後十年期間，台灣第二至第四期的大腸癌減少了35%，而大腸癌死亡率下降了29%，成效非常顯著。而且數十年來持續攀升的全國大腸癌死亡率，根據國民健康署的統計，近年來也有漸漸緩和或下降的趨勢。

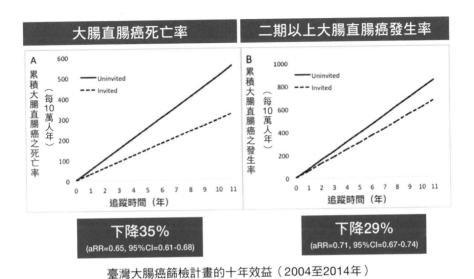

臺灣大腸癌篩檢計畫的十年效益（2004至2014年）

● 篩檢找到的大腸癌，與有症狀之後就醫才診斷出來的大腸癌，有什麼不同呢？

	篩檢出的大腸癌機率	就醫診斷出的大腸癌機率
0-1期大腸癌	50-60%	20%
4期大腸癌	7%	20%

　　根據國民健康署及篩檢所找到的大腸癌資料，藉由早期篩檢可以檢測出零期（原位癌）與第一期的大腸癌，在癌症早期就能發現。然而，等到有異狀篩檢出來的大腸癌，通常都已經到了第四期的階段。

　　第四期大腸癌的五年存活率僅有15%，對死亡率之影響可想而知，而且通常需要長期的化學治療或標靶治療，花費非常驚人。再加上患者因為無法工作導致家戶收入損失，及早將癌症篩檢出來所能省下的金錢就非常可觀。

此外，除了小型的腺瘤性息肉外，大型的良性病灶與零期大腸癌也可以直接以大腸鏡切除，等於多了非侵入性的治療選擇，對於治療後的生活品質影響甚鉅。

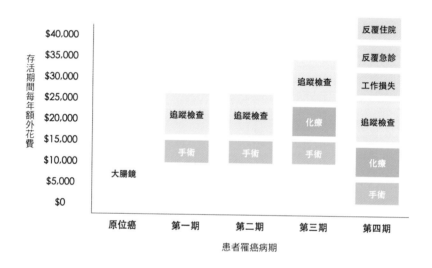

預防罹癌的生活習慣

大腸癌危險因子主要與肥胖、新陳代謝有關。因此，保持良好的體態與運動習慣，是避免大腸癌最好的方法。

●多食用抗發炎的食物

此外，有很多食物本身具有抗發炎的效果，對於預防大腸癌也有幫助，包括深海魚類、新鮮綠色蔬菜、菇類、葡萄、薑黃等。攝取過多的紅肉類像是牛、羊、豬，也已證實與罹患大腸癌有密切關係。除此之外，抽菸與熱量攝取過度如含糖飲料和澱粉類，以及油炸燒烤食

物，均證實會加大腸癌風險。近年來年輕族群大腸癌的增加也被認為
與這些生活飲食習慣所導致。

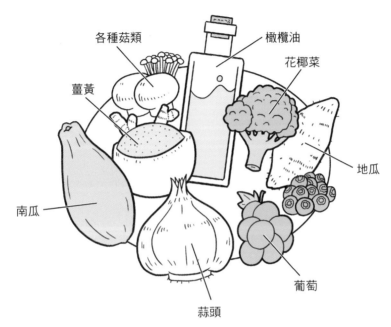

攝取上圖抗發炎飲食，就等於在預防大腸癌。

●養成良好的運動習慣

　　近期臺大醫院的研究顯示，大腸鏡切除大顆的腫瘤性瘜肉後，即
便過去沒有良好的生活習慣，如果可以即刻開始規律運動，未來接受
追蹤大腸鏡的時候，可以大幅下降再度發現大顆腫瘤或瘜肉的機會。
很多病人在切除大顆或多顆瘜肉後，很急切地詢問：「有沒有什麼口
服藥可以減少息肉的復發？」其實不需要借助藥物，改善長年以來被
忽略的生活習慣，就有預防的效果。

　　再好的醫療技術，都沒有辦法讓三、四期的大腸癌逆轉變回一、二期，唯有**定期篩檢**才有機會早期發現大腸癌；而良好的生活習慣，則是避免罹患大腸癌的另一面盾牌。擁有這兩個防護工具，就可以避免罹患大腸癌或因而死亡的大部分風險。目前大腸癌發生率與死亡率都在穩定下降的國家，都有很高的比例執行大腸癌篩檢，且養成良好生活習慣，非常值得臺灣借鏡。

NOTE

Part 5

未來新趨勢

腸見胃來新趨勢：
爲人服務之科技與學術的雙贏合作

　　醫藥科技進步日新月異，人工智慧的發展以及健康大數據讓各國醫師可以快速針對問題，為每個病人量身打造適合的治療方法，這就是「精準醫療」的起心動念。

　　傳統的檢查儀器例如胃鏡、腸鏡、糞便潛血等仍然是是篩檢的基礎，加上最新治療觀念與儀器技術例如腹腔鏡、機器人手臂、糞便菌移植等，甚至術後長期性照護的提升，都能讓消化道疾病患者的生活品質大為提升。

　　本章藉著醫師不斷自我進修與國際交流的方式，為讀者介紹全球腸胃疾病醫學的最新進展。

腸道菌群與健康

吳俊穎醫師，陽明交通大學醫學院講座教授暨副院長
曾景鴻博士，微菌方舟生物科技總經理

人與人之間的基因體相似度高達99.5%，若基因是決定每個人生長發育的藍圖，從外表看起來如此獨一無二的我們，是否有其他因素決定彼此的差異呢？

或許答案就在肉眼無法察覺的微生物身上。

人體由內到外與不計其數的微生物共生，包括病毒、細菌、古細菌、真菌等，總稱為人體微生物群系（human microbiome），其中又以細菌最多。據估計，人體內細菌細胞數高達40兆，可攜帶300萬個基因，約重1.5公斤，生長在人體不同部位的表面，例如皮膚、口腔、鼻腔、腸道、生殖道等。

由於腸道的無氧環境與充足的養分十分適合細菌生長，因此成為人體細菌主要的居住地，而常駐在腸道的細菌則統稱為「腸道菌」。

腸道是消化道的一環，為了增加養分吸收效率，

腸道內壁具有無數的絨毛與微絨毛，使其表面積大大提升，卻也因此增加了接觸病原菌的機會。為抵禦病原菌的入侵，腸道表面有黏液層，是腸道屏障的重要防線。

此外，腸道所擁有的淋巴組織占人體七成，讓腸道成為體內最重要的免疫器官，也是免疫細胞聚集與訓練的重要場所。人類從嬰兒時期開始，腸道就會逐漸遭遇各式各樣的外來菌群，無論是「共生菌的定植、演替」或「致病菌的辨識」都在腸道頻繁發生，這些外來菌群是免疫系統的訓練員」，對於嬰兒免疫系統的成熟、發展有著舉足輕重的影響，也是健康的關鍵。

腸道菌群穩定平衡是健康的密碼

健康的定義十分多元，主要的檢視方式是透過醫療檢查將各種生理狀態指標數據化，以了解身體各項機能是否正常運作，而通俗一點的定義則為「一種讓人活得好、活得久的代謝狀態」。

隨著社會進步，危害健康的因素也跟著改變，如過量飲食、因職業久坐、缺乏運動、菸癮等。鑑於腸道菌的數量與多樣性，科學家逐漸了解它們不僅只是「寄生」在腸道中，它們的組成除了影響腸道健康，還會透過與腦部的神經連結（又稱腸腦軸線〔gut-brain axis〕）影響腦部的訊息傳遞，最終影響宿主健康，因此腸道又有人體第二大腦的稱號。腸道菌的穩定狀態是健康狀態的重要環節，而前面所提的危害健康因素都是先破壞了腸道菌的穩定、引起菌群失衡而生病。

腸道菌能夠執行許多人體無法完成的代謝任務，例如幫助分解纖維素、代謝食物中的養分、合成維他命、分解外來毒素、轉化膽酸、協助訓練免疫系統等。

正常情況下	腸道內共生菌處於平衡狀態，提供人體穩定的代謝功能，同時抵禦致病菌的伺機性定植，維護健康。
腸道菌群受有害因子影響而改變且無法恢復時	腸道菌群失衡、削弱腸道屏障導致腸漏，促使腸菌相關小分子菌代謝物進入血液循環、引起慢性發炎，進一步誘發腸道疾病、代謝症候群（例如高血壓、血脂異常、肥胖、糖尿病等）等疾病

　　比較健康者與患病者的身體狀況，會發現腸道菌群與疾病明顯相關，例如：

　　．發炎性腸病與潰瘍性結腸炎患者有較多的放線菌門（Actinobacteria）與變形菌門（Proteobacteria）

　　．乳糜瀉患者具有較多的普通擬桿菌（Bacteroides vulgatus）、較少的大腸桿菌（Escherichia coli）與擬球形梭菌（Clostridium coccoides）

　　而肝病、血管硬化、自體免疫疾病、過敏、多發性硬化症甚至癌症也與失衡的腸道菌群息息相關。

影響腸胃道菌叢的因素

抽菸　抗生素　低纖維飲食　感染　久坐　衛生

平衡的健康腸道菌群　　　　失衡的腸道菌群

細菌代謝物、毒素透過
腸漏進入循環、引起發炎

代謝症候群	腸道疾病	肝病	其他
高血壓 血脂異常 肥胖 糖尿病	炎症性腸病 潰瘍性結腸炎 乳糜瀉 腸躁症 克隆氏症	慢性肝炎 非酒精性肝病 肝硬化	血管硬化 自體免疫疾病 過敏 多發性硬化症 癌症

腸道菌群生態與飲食息息相關

　　腸道是消化食物的器官，每個人的食物選擇是影響腸道菌群與腸道健康的重要關鍵。若食物組成以高纖維的蔬菜為主，纖維素除了可以促進腸道蠕動外，也是腸道菌主要養分來源。

腸道菌透過無氧呼吸（發酵）將纖維素分解成短鏈脂肪酸（short-chain fatty acids），以乙酸、丙酸、丁酸為主：

乙酸	分子量最小、容易進入血液循環，因此參與了許多器官（例如腦、肝、胰臟等）的訊息傳遞；
丙、丁酸	主要為腸道細胞所吸收，除了是腸細胞訊息傳遞的分子，也是腸細胞的主要養分，可促進腸細胞間隙變小、減少腸漏
丁酸	刺激黏液蛋白分泌、增加黏液層厚度，提升腸道屏障效果。

此外，短鏈脂肪酸還有一個額外效果，就是**提升腸腔酸度，抑制致病菌生長**。同時，短鏈脂肪酸能促進腸細胞內粒線體的 β-氧化，消耗血液中所帶來的氧氣，減少腸腔的氧氣濃度，維持腸道厭氧菌的生長與平衡。

若食物是以動物肉為主，對腸道最顯著的影響莫過於蠕動變慢、排便頻率下降，改變腸道的代謝狀態。

雖然腸道菌的發酵原料還是以纖維素為主，但是當可發酵分解的纖維素被耗盡之後，腸道菌就會開始使用蛋白質來進行發酵，增加腸道中短肽（peptide）與各種游離胺基酸的濃度。在正常情況下，腸道菌對蛋白質的分解在維持人體胺基酸平衡方面顯得很重要，不過一旦過量就會增加支鏈脂肪酸（branch-chain fatty acid）、三甲胺與其他有機酸在腸道的累積。由於致病菌生長會減少丁酸生成、減少腸細胞 β-氧化並轉由糖解來生成能量，讓腸腔氧氣濃度增加、更抑制腸道厭氧菌的生長，使腸菌失衡各加惡化。

腸道菌干預：透過調整飲食與運動方式改變腸道菌叢平衡

腸道菌的干預是相當重要的研究領域。目前研究證明可行的方式包括運動與飲食干預。

● 運動干預：

1. 以具有促進血液循環、強化心肺功能的有氧運動最為有效

2. 訓練肌力的阻力運動對血液循環影響較小，對腸道菌影響較不明顯。因此慢跑、跳繩、騎自行車、游泳都是很好的選擇，運動強度適度就好，太強則會有負面效果

● 飲食干預：

飽和或單元不飽和脂肪含量高的飲食	對腸道菌群產生不良的影響
多元不飽和脂肪含量高的飲食	對腸道菌群沒有顯著影響

1.

2. 富含纖維的均衡飲食除了能改善腸道菌群，也會提升糞便、血清中的短鏈脂肪酸濃度，長期下來甚至可能減輕體重、改善體內細胞因子與代謝物的組成，提升宿主的免疫力。

3. 補充益生菌、益生元、合生元（synbiotics）與後生元（postbiotics）也是改善腸道菌相的手段。值得一提的是益生菌的種類除了歷史悠久的雙歧桿菌、乳酸桿菌外，次世代益生菌也已經陸續被發現，像是普氏棲糞桿菌（*Faecalibacterium prausnitzii*）、嗜黏蛋白艾克曼氏菌（*Akkermansia muciniphila*）等，後續應用指日可待。

改善腸道菌叢的方法

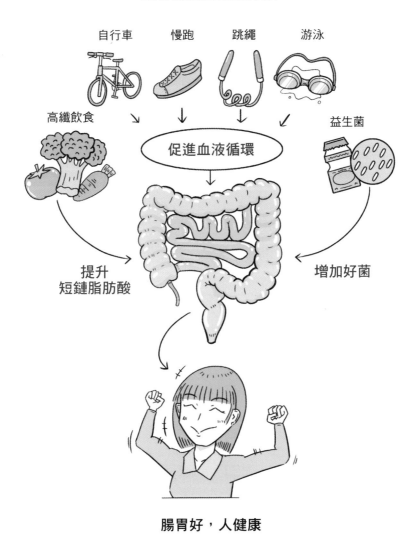

自行車　　慢跑　　跳繩　　游泳

高纖飲食　　促進血液循環　　益生菌

提升
短鏈脂肪酸　　增加好菌

腸胃好，人健康

　　古希臘醫學之父希波克拉底曾說過：「所有疾病源皆自於腸道」，而近年來對於腸道菌如火如荼的研究正好為這句話建立了完整的科學論述，也揭露了腸道菌對於人體健康的重要角色。

　　然而，腸道菌群的複雜度高到令人生畏，目前的理解仍是冰山一角，不同菌種發揮著什麼作用、菌群間的消長如何影響宿主健康等問題都需要進一步的研究。況且除了細菌外，腸道中還包含真菌、病毒、古細菌等微生物，它們之間的交互作用、拮抗機制，也都是重要議題。

　　各族群大規模腸道菌群調查與生理、病理數據的累積，是接下來令人興奮的發展，腸道菌與健康參數的關聯性除了可作為促進代謝健康的指引，也是實踐未來個人化精準醫療不可或缺的基礎。

人工智慧在內視鏡上的應用——以大腸鏡為例

邱瀚模醫師，臺灣大學醫學院內科臨床教授、台大醫院綜合診療部主任

　　近幾年，人工智慧在各領域的進展突飛猛進，不僅在生活與工業增加運用，也逐漸在醫療方面扮演重要的角色。

　　由於高速運算技術的突破，讓人工智慧在各種影像的判讀與處理上有非常大的優勢，因此在醫學影像判讀相關領域，關於人工智慧相關技術的開發與導入為最早也最為廣泛，其中包括了消化道內視鏡。

　　根據2018年的統計資料，在美國每年施行超過一千六百萬例大腸鏡，而在臺灣每年則有超過四十萬例大腸鏡（尚不包括自費健康檢查的大腸鏡檢查），實為全世界所有消化道內視鏡檢查當中施行量最大的一項。

大腸鏡在臨床上的角色與重要性：篩檢與追蹤

● 篩檢

　　大腸鏡是篩檢與確診所使用的重要工具。它可以直接作為癌症篩檢工具，確定是否有癌前病變，並將之予以切除或如有發現大腸癌則

進一步進行其他治療。同時，也可以進行其他篩檢，如糞便潛血檢查陽性，或有症狀個案進一步的確診確認。

● 追蹤

大腸鏡切除腺瘤性息肉或大腸癌手術後，病人的後續追蹤也以大腸鏡為主，因此它在臨床上的吃重角色可見一斑。

由於早期診斷大腸癌可以降低大腸癌的死亡率，發現癌前病變（腺瘤性瘜肉）並予以切除可以降低大腸癌的發生率，因此如果說施行大腸鏡是為了降低大腸癌的發生率與死亡率一點也不為過。

● 雖然大腸鏡是黃金標準，但也不見得完美

大腸鏡目前是臨床上公認的大腸檢查裡最精準的一項，既可以把整個腸道的黏膜做完整仔細的觀察，同時也可以把找到的病灶直接切除或進行病理切片，也因此被當作「黃金標準」。

然而過去美國做的研究顯示，約有5%到10%新診斷大腸癌病患，其實在三年內已做過大腸鏡。這個結果打臉了所謂「大腸鏡對於大腸有10年的保固期間」的普遍說法。這種做完大腸鏡檢查卻仍在建議下次追蹤的時間前就發生的大腸癌，稱為「鏡檢間隔期大腸癌」或「大腸鏡檢後大腸癌」，儘管發生機率不高，但在國內外均有報告，且是普遍存在的現象。

可能的原因包括大腸鏡沒有完整檢查最裡面（盲腸）、檢查時遺漏重要病灶、腫瘤性病灶沒有完全切乾淨、生長速度極快的大腸癌再度生成等。

腺瘤偵測率是大腸鏡品質的生命線

許多國民普遍認為，先進的儀器是醫療品質最關鍵的因素，然而像內視鏡這種人為操作、人為判讀的醫療技術，在不同施術者之間有很大的歧異，所以大腸鏡對於大腸癌的保護或預防效果因人而異甚至有非常大的差異。

其中，在諸多與大腸鏡品質相關的指標當中最為關鍵的就是腺瘤偵測率，簡單來說，就是內視鏡醫師每施行100例大腸鏡當中，有幾例發現是腺瘤性瘜肉？由於每位醫師手上的病人男女性別、年齡、大腸癌家族史等會影響腺瘤瘜肉風險的因素分布不會相差太多，因此可以客觀地比較一時之間偵測腺瘤的能力。

過去在美國、波蘭以及台灣的篩檢計畫都已經證實，內視鏡醫師或醫療院所的團隊，腺瘤偵測率與未來發生大腸癌的風險有非常密切的關係，所呈現的結果都是：腺瘤偵測率愈低，病人在接受大腸鏡之後，未來仍然發生大腸癌的風險就愈高。

在台灣的全國大腸癌篩檢計畫裡所呈現的結果就顯示病患在腺瘤偵測率為15%以下的醫療院所接受大腸鏡，即便未發現大腸癌，將來發生大腸癌的機會與腺瘤偵測率在30%以上的醫療院所相較，會增加為140%以上，非常驚人。而在前述美國的研究也發現腺瘤偵測率每增加1%，未來發生大腸癌的風險就可以降低3%，因大腸癌而死亡的風險可以下降5%。因此，目前各種先進內視鏡儀器的發展，都以增進腺瘤偵測率為主要目標。而其他大腸鏡的品質指標例如清腸是否良好與盲腸到達率等，其實也都是為了增加腺瘤偵測率。

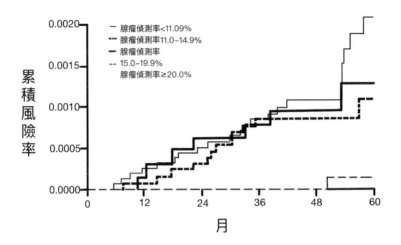

腺瘤偵測率每升高1%，間隔癌風險降低3%

● 人工智慧如何增進腺瘤偵測率？

　　大腸鏡所使用的人工智慧技術，是靠著高腺瘤偵測率的高手醫師對上千上萬張內視鏡影像進行詳細「標註」之後，由資訊工程師訓練電腦建構起來，也是機器學習的過程。

　　所謂的「標註」意指在內視鏡的影像上有瘜肉的部位做註記，用以讓電腦學會辨識有瘜肉與沒有瘜肉的影像，或是辨認影像裡有瘜肉與沒有瘜肉的區塊。靠著高速運算的電腦，當醫師在執行內視鏡的時候，畫面上如果出現疑似瘜肉的病灶時，人工智慧就自動把該處標示出來甚至發出聲響提醒內視鏡醫師，減少病灶的遺漏。

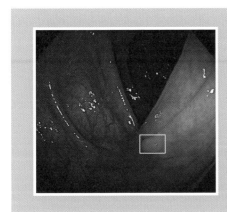

施行大腸鏡時人工智慧會即時偵測並框出病灶提醒術者。（台大醫院・雲象科技提供）

　　目前已經有幾個隨機分派的試驗證實了人工智慧輔助大腸鏡可以提高腺瘤偵測率達50%至70%，而香港的研究顯示，這個系統對於初學者或腺瘤偵測率較低的醫師的協助尤其顯著。就這個角度而言，人工智慧的確是有潛力可以縮小醫師之間大腸鏡偵測病灶能力的落差，這對病人來說不啻為一項福音。

＼ 醫師說明小教室 ／

　　很多人甚至臨床醫師都以為，一旦有人工智慧輔助大腸鏡後就可以從此高枕無憂，享受大腸鏡完美的保護效果，但這是真的嗎？由於使用人工智慧輔助大腸鏡，大腸鏡仍然由醫師負責操作，因此展開彎彎曲曲的腸道黏膜表面仍由醫師操作進行，因此如果沒有好好展開大腸壁，大腸黏膜自然不會出現在內視鏡螢幕上，在這個情況下使用人工智慧也無法偵測到病灶。

　　此外，如果大腸鏡前的清腸準備不完整導致大腸黏膜表面仍有

許多糞便殘渣，或是因為醫師技術問題無法將大腸鏡插入到最裡面的盲腸部位，即便啟動人工智慧偵測也沒辦法將其效果發揮到極致。更甚者，倘使內視鏡醫師在人工智慧系統已經提醒有病灶出現的情況下仍視而不見，那一切也都是枉費。因此即便有先進的系統輔助，做大腸鏡的基本功依舊非常重要。

人工智慧輔助大腸鏡還能做什麼？

目前人工智慧輔助大腸鏡還可以協助診斷偵測到的病灶性質，例如判斷病灶是否為腫瘤性病灶，以決定是否需要當場切除，也有一些人工智慧系統可以分辨是否為癌病變，或診斷是否為可用大腸鏡直接切除的表淺性早期大腸癌。

人工智慧如果可以協助大腸鏡醫師分辨腫瘤或非腫瘤病灶，就可以避免腫瘤性病灶沒有被處理而導致後續的大腸癌發生，或因腫瘤病灶而接受不必要的治療，徒然增加醫療成本、出血或穿孔等併發症。

如果人工智慧可以區別淺層與深層早期大腸癌，病人就可以不必要因診斷癌症通通接受外科手術，增加身體負擔或相關的術後併發症，而相反的病患可以多了選擇以大腸鏡進行微創切除的選項。

●擁抱人工智慧，許一個更美好的未來

人工智慧到底會不會取代醫師的工作呢？目前人工智慧在大腸鏡檢查主要是扮演輔助的角色，檢查本身也還是由醫師操作，即便人工智慧提醒有病灶或提供診斷相關資訊，最後的醫療決策還是來自於醫

師的決定。假如醫師不願意使用或完全不理睬人工智慧所提供的資訊，病灶還是會被遺漏。如果自身完全無專業而對於人工智慧的任何建議都照單全收，錯誤的處置還是會發生。

人工智慧不會淘汰內視鏡醫師，但會淘汰不懂得如何聰明使用人工智慧的醫師。

胃癌之劃時代尖端手術治療與術後照護

吳經閔醫師 台大醫院外科臨床副教授

林明燦醫師 台大醫院外科教授、台灣外科代謝營養學會理事長

　　手術切除胃癌對於癌症的治癒占有舉足輕重的角色，對不同程度的胃癌有不同的手術方式，因此胃患者進行有效安全的手術治療非常重要。

・早期胃癌：手術和內視鏡黏膜下切除腫瘤是兩個治癒胃癌的方式
・晚期胃癌：只有手術切除是唯一可能達成完全治癒的手段。

　　胃部手術的源於約兩百多年前，當時歐洲外科醫師開始嘗試進行胃部切除手術。胃癌手術治療可以區分為兩個部分，包含**胃部切除與淋巴結廓清術**。

　　胃部切除範圍依照腫瘤位置而定，一般可以分為**遠端部分切除**以及**胃部全切除**兩種手術方式。手術方式的依照腫瘤位置而定，重點是需要達到一定的清除乾淨範圍。

　　過去對於近端（靠近食道側）的胃癌，固定只做全胃切除術。**近年來考量病患的生活品質與未來長期營養狀態，開始進行近端部分胃切除手術，這個術式相較於全胃切除手術，病人將有較佳的營養狀態、攝食功能與改善貧血的有利現象。**

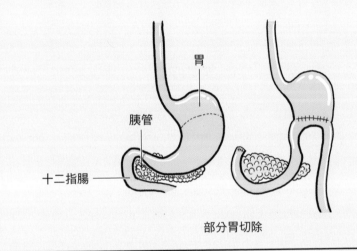

部分胃切除

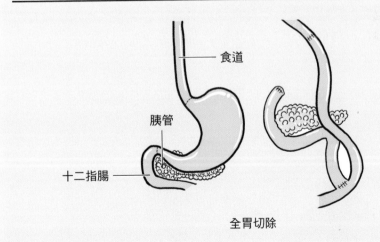

全胃切除

275

● 傳統手術：

二十年前，傳統上外科醫師需要利用大傷口開腹（約略20－25公分）的方式完成切胃手術，但是傳統大傷口的手術造成的傷口會使病患術後非常疼痛，並出現無法深呼吸咳痰導致肺癌發生、無法早期下床活動或傷口美觀不良等缺點。

● 腹腔鏡手術

近年來，隨著器械與儀器設備的進步，利用病患全身麻醉後肌肉徹底放鬆的狀態，將二氧化碳灌入腹腔內以增加手術視野與器械活動的空間，這是近年來此手術逐漸獲得外科醫師信賴的主因。

利用腹腔鏡與相關的器械，以「管」窺天的方式，大大降低傳統手術的相關缺點，達到小傷口、傷口疼痛感減輕以及降低肺部併發症的優點。

機器手臂手術的導入提供另一種微創手術的選擇，降低外科醫師進行微創手術的技術門檻，然而目前臺灣健保制度尚未給付機器手臂應用在胃癌的相關手術，因此病患仍需自行負擔高額相關醫療費用。

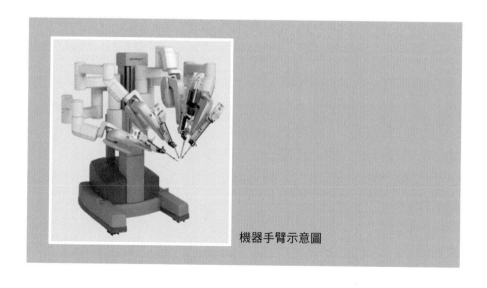

機器手臂示意圖

縱使腹腔鏡手術有上述優點，但進行腹腔鏡手術時病患卻需要全身麻醉與灌入腹腔二氧化碳，這些措施對於心肺功能不佳的病患來說，可能會影響其現存不良的心肺功能，導致手術過程或是術後心肺功能惡化。另一方面，二氧化碳的過度使用與廢氣排放對於空氣品質與地球暖化，都有深遠的負面影響。

因此，臺大醫學院自行開發了一套「無須充氣式微創器械」，利用一個大圓環與腹壁勾環，達到類似充氣式腹腔鏡的腹腔內寬闊視野，手術器械可以使用傳統器械與腹腔鏡手術器械，除了具有微創手術的相關優點，其環保特點更能為地球環境盡一份心力。

各種手術方式的比較

	傳統手術	腹腔鏡手術	林氏無充氣腹腔鏡	機器手臂手術
術後傷口疼痛	↑↑↑	↑	↑	↑
自費相關費用	$	$ $ $	$ $	$ $ $ $ $
是否需要灌入二氧化碳	不需要	需要	不需要	需要
晚期胃癌廓清程度	最佳	有疑慮－佳	最佳	佳
外科醫師的經驗要求	一般	高度依賴	一般	高度依賴

胃癌手術後的術後照護

●加速恢復臨床照護模式

胃癌手術的成功與否，除了手術過程順利完成之外，手術後的恢

復期間也是非常關鍵的時期。在這段期間需要注意傷口狀況、引流管情形以及血液檢測相關數值。

現今的外科醫療照護廣泛提倡「加速恢復臨床照護模式」，這種照護模式結合許多層面，包含早期下床活動、有效止痛、減少不必要的引流管/鼻胃管、早期腸胃道進食，與相關復健活動等方面。

而微創手術更是將能施行此一照護模式的關鍵，因為微創手術的傷口小，能降低病患術後傷口疼痛，進而幫助病患更勇敢地在術後早早下床活動，加速復原。

● 術後常見引流管

接受胃癌手術後，醫師會因治療需要放置傷口引流管，目的是為了引流及觀察蓄積的組織液或分泌物，判斷傷口有無感染、出血或滲漏，預防組織液蓄積壓迫或刺激器官，促進傷口癒合及組織修復。

目前臨床應用的引流管種類很多，有的放置於人體組織間或體腔中如胃腸道、腹腔、膽道等。體內置放的引流管若功能不佳、不慎滑脫、阻塞、引流量過多等，皆與此次手術成敗有重要關係。在手術中正確擺放引流管位置，手術後回到病房護理師或照顧者則須負起觀察、評估、記錄以及報告的責任以減少合併症發生，促使病患順利恢復健康，因此熟悉各種引流管裝置的目的及原理並正確監測功能，是醫護人員及照顧者應具備的知識及技能。

● 術後飲食建議

胃部食物容量因胃部手術而變少許多，因此無法像過去的食量一樣多，所以住院期間需要注意特殊的胃切飲食。

胃切飲食一開始會從純米湯嘗試，之後再逐漸增加米湯濃度與米粒量，最後，再加上肉類和蔬菜等食材。出院後飲食仍然需要特別注意小心，採取少量多餐的方式進食，飲食內容避免高糖分液體質地的

食物，降低傾食症候群發生的機會。

「傾食症候群」（Dumping Syndrome）是一種複雜的生理反應，症狀包括上腹部不適、噁心等腸胃道不適症狀，並且會出現出汗、頭暈、脈搏加快、或是心悸等血管神經系統失調的現象。

● 免疫調節營養品的建議

患者可適度補充免疫調節營養品，包含麩醯胺酸、魚油、精氨酸與核甘酸等成分，改善癌症造成的免疫力降低現象。

服用營養補充品對胃癌手術病患非常重要，因為胃癌病患經常出現營養不良，術後更因手術相關身體創傷，造成營養狀態更進一步惡化，因此適時補充免疫調節營養品，對於降低術後傷口感染或感染性的併發症有所助益。

特別是麩醯胺酸的補充。在臺大醫院的研究中發現，手術前後的靜脈營養補充，可以改善病患的蛋白質代謝、改善術後血液蛋白質降低的現象。另一方面，術後繼續服用口服麩醯胺酸，可以改善術後肌少症現象，

肌少症代表病患的肌肉量降低，進而造成活動量降低、體力不佳和失能。

● 遠距照護

傳統上，病患術後出院到門診回診追蹤這段期間，醫院能夠提供病患或是家屬的照護，只有打電話關心當前恢復狀態，但是病患術後的需求無法立即讓手術團隊瞭解，如傷口照護、術後不適症或是營養狀態。

因此台大醫院持續開發遠距照護系統，讓病患便於在家使用相關應用程式，改善照護達到零死角。

在過去幾年新冠疫情之下，大部分病患不敢到醫院就醫，這些科技與因人而創的發明都適時地為病患提供了另一種選擇。

台大醫院團隊開發之遠距照護APP

多元跨科團隊的照護，
疫後生活「客製化」線上資源

現今一位手術病患的成功與否，需要跨科多團隊的整合與分工，緊密合作才能提供最適切的照護。例如癌症多科團隊，綜合討論提供病患最適合的癌症治療計畫；營養支持團隊針對病患的營養狀態、手術方式與相關共病症，團隊營養師、全靜脈營養個案管理師與醫師，針對病患個別需求提供相關建議。

胃癌患者的手術全期照護治療必須從術前就開始計劃，包含術前的營養評估、麻醉風險評估與癌症治療計畫，針對不同病患提供最適切的治療方式：

- 如果術前營養不良，需要考慮積極營養介入
- 如果病患的腸道營養可行，需要優先從經口或是腸胃道給予營養，但是熱量需求無法達標，還是要開始從靜脈營養方式給予營養素。
- 如果病患心肺功能不佳，需要考量後續手術方式和以復健方式改善心肺功能。
- 無法手術的病患需要考慮先做化學治療或事先用小手術改善其出血，或是施行小腸造口術方便後續灌食牛奶，改善營養不良並提升生活品質。

術後，更需要團隊的密切合作，加上出院後的遠距照護，如此才能讓病患安全地接受手術、安心地返家自我照護。

胃癌患者在新冠疫情期間是非常需要被關懷的族群，一旦延誤原本的抗癌治療，嚴重者甚至導致死亡。疫情共存新生活是醫療團隊最深切的期待，所以積極營造安全的醫療環境，讓患者願意回到醫療機

構持續就醫是很重要、面對不願意回到醫院的患者，運用多元方法傳遞關心與防疫措施的衛教，說服患者重新回院治療灌注希望，這些都是很重要的事情。

多科遠距醫護團隊（醫師／護理師／心理師／社工師等）接受多專科團隊整合照護是近代新潮流；而疫情期間，團隊不同成員藉由不同通訊軟體傳遞文字、圖片、聲音，都能進行即時性與多人多元的溝通，例如：

- 心理師發送安定人心的資訊，透過電話溝通緩解病人的心理壓力
- 社工運用社群媒體即時公告最新的院方防疫消息
- 醫師團隊運用遠距醫療向患者解釋治療的方向與策略

胃腸醫學的演進與透視未來的新境界

吳明賢醫師

臺灣大學醫學院內科教授、台大醫院院長

　　因應醫學新知識的堆疊與科技變遷躍進，現代醫學的發展與過去有著極大的不同。傳統上醫師專注力圍繞著「疾病」；現在的啟發則是著重「未病」的狀態，加以預防。過去常常稱呼來到診間的人是「病人」，就醫時，期待著藥到病除；現在則不然，一些重大慢性病或是生理上的老化，可以更早介入調整生活型態，做功能性的檢查，真正達到「防患於未然」的作用。

　　從健康、亞健康到疾病的過程，可以猛進、也可以緩慢度日如年，事實上有些疾病例如慢性發炎性疾病中的潰瘍性大腸炎，目前仍無法治癒，只能靠調整生活習慣、給予減緩痛苦的治療法，控制嚴重程度。另有一群人的患病，則能找出明確病因與致病機轉，例如幽門螺旋桿菌感染以及病毒型肝炎。所以若要提到腸胃醫學的演進，就是從疾病的醫學角度出發，慢慢演變成健康的醫學，至而研究導致疾病的起源，「究竟人為什麼會生病？」勾勒腸胃醫學的發展軸線。

先天加上後天，才會生病

　　無人知曉人類為什麼會生病，這包括了先天因素像是遺傳基因，也有後天環境因素例如感染、飲食生活習慣。其中影響最大的就是有沒有好好吃、好好睡、好好培養運動習慣、好好維持心理健康的平衡舒適狀態。如果先天不足加上後天失調，容易生病就成了理所當然的結局。

　　過去醫學界對於先天因素的瞭解著墨甚多，包括人類基因解碼後帶來的基因體學等相關學科，這些領域的知識提供了眾多答案，依然重要，但是現在可追尋的方向則是轉向後天環境的複雜成因解密。公共衛生學家的加入，以預防醫學的觀點提供大環境的群體健康參照，不過人類生活在其中，對於環境有所理解後，反求諸己回到自身的健康維持，仍有許多待解的難題，生而複雜的人體機能運作仍是浩瀚知識裡，最想解構的本體。以大腸癌為例，做到癌症早期篩檢可以提早介入治療，這是次級預防；以幽門螺旋桿菌為例，菌種生活在體內，也有方式給予消除、治療，就可以預防消化性潰瘍與胃癌的發生，這是初級預防；其餘在環境中存在的因素，歸納邏輯將它們找出後避免接觸、暴露，則是三級預防。各種學科和知識各司其職，為謀求人類健康最大福祉是科學界的共同願望。

　　過去對於生活環境的著墨不多，卻有著極大的影響力，即便是雙胞胎，分隔不同地方養育例如一在亞洲、另一在歐洲，那麼將來會罹患的疾病就不同。所以不應只重視基因體學，牽涉到未來的醫學發展，就必須有多組學的綜合眼光。多組學涵蓋基因、轉錄、蛋白以及代謝體學，甚至人工智慧技術與大數據的生物資料蒐集分析，必須進行全面、深入的闡釋。從人類擁有的23條染色體先天基因開始，到腸道中微生物體學的後天基因，學科整合知識的演進，觀看預防以及治

療的角度將更全面。

醫學的 4P 時代來臨

最新的個人化精準醫學觀念4P指的是：預測性（Predictive）、個人化（Personalized）、預防性（Preventive）以及參與性（Participatory），意思是從過去反應性疾病照護，演變為預測性、預防性、個人化與參與性照護的主張，被認為是高度主動性。

4P醫學是從三大趨勢匯聚而來，系統生物學與系統醫學解碼疾病生物學複雜性的能力不斷增強；數據革命從根本上增強了收集、整合、儲存、分析與交流數據訊息的能力，包括傳統病史、臨床試驗和系統醫學工具的結果；個人獲取訊息以及隨之而來對管理自身健康的興趣，代表著民眾正在透過這些大趨勢，推動醫療保健的轉型，這是「賦權」於民的過程，讓個人參與、形塑自身健康照護。4P醫學透過將其應用從醫院與診所擴展到家庭、工作場所及學校，最大限度地提高了系統醫學的有效性。透過在參與式過程中添加自我控制（活動、體重與卡路里攝取量）並加上自我評估，將匯總和挖掘新數量、形式的數據，以產生對健康與疾病的新見解，而這些見解將推動新技術、分析工具和照護形式的發展。

對消化醫學而言，因為發現有腸道菌的存在，牽涉到的微生物體與代謝體，才有了多體學的發展，科學家才瞭解原來腸道菌的存在或是只要不好好吃飯、不好好注意自己的營養、不好好睡覺和運動，就會造成腸道菌叢失調，不是單一因素。而腸道生病了，附帶可能與神經退化性疾病有關，透過腸－腦軸線（gut-brain axis）；可能與心臟病有關，透過腸－心軸線（Gut-Heart Axis），甚至是引起脂肪肝或是肝炎、腸漏症（Leaky Gut Syndrome）。綜觀而論，已知大腦及腸

道彼此透過神經、內分泌及免疫而互相影響，隨著腸道微生態（gut microbiota）的研究進展，目前已知腸道微生態在腸－腦軸線扮演關鍵角色，微生態失調（dysbiosis）不僅會造成功能性腸胃疾病，也和發炎性大腸疾病以及大腸癌有關，甚至也是大腦的神經及精神病原因。隨著消化醫學界對腸道微生態研究的進展，有愈來愈多的證據顯示微生態失調也是造成慢性病，如肥胖、糖尿病和心臟的主因，尤其和心臟病有關的代謝物氧化三甲胺（簡稱TMAO），必須透過腸道微生物及腸－心軸線產生，因此研究腸道微生態的失調將可提供未來預防及治療冠狀動脈心臟病的新方向。

以腸道微菌叢窺見整體健康

細胞存在有著兩項要件：生存與複製。從單細胞轉成多細胞，這些演變發生在消化道中才因此在腸道裡找到神經細胞、免疫細胞、內分泌細胞等，是多功能性的器官，像是人體的第二個大腦。單純研究人體，可得知全身10兆個細胞的秘密，但是研究腸道中100兆個腸道菌，基因體的數目是人類的100倍以上，而且每個人都不一樣，值得好好探究。有些國家積極發展腸道微生物體學，就是看中人體內可培養出1000種以上的菌種，這些資料可以整合存入國家生物體資料庫中，分析與貢獻與食物、人體健康的關聯性。只要掌握新技術、新觀念，從腸道菌切入，便可瞭解全身性的系統性疾病。

現代臨床醫學之父威廉・奧斯勒（William Osler）曾經說過：「良醫治病，偉大的醫師治療患有疾病的患者。」疾病發生後要全面理解一個人所身處的環境，住在哪兒？吃些什麼？飲食習慣？有沒有抽菸、喝酒、吃檳榔？要從病人的角度觀看整體健康照顧，從細微處看整體，就是拼組起精準健康與癌症治療的個人化醫學未來藍圖。

參考資料：

Flores, M., Glusman, G., Brogaard, K., Price, N. D., & Hood, L. (2013). P4 medicine: how systems medicine will transform the healthcare sector and society. Personalized medicine, 10(6), 565–576. https://doi.org/10.2217/pme.13.57

萬象 001

腸保健康好胃來：台灣消化權威林肇堂教授，許你一個順暢人生

作　　者　林肇堂

堡壘文化有限公司
總 編 輯　簡欣彥
副總編輯　簡伯儒
責任編輯　張詠翔
採訪編輯　楊琇雯
封面設計　mollychang.cagw
內文插畫　柯欽耀
內文設計　家思排版工作室
行銷企劃　許凱棣、曾羽彤

讀書共和國出版集團
社長　　　　　　　郭重興
發行人　　　　　　曾大福
業務平台總經理　　李雪麗
業務平台副總經理　李復民
實體暨網路通路組　林詩富、郭文弘、賴佩瑜、王文賓、周宥騰、范光杰
海外通路組　　　　張鑫峰、林裴瑤
特販通路組　　　　陳綺瑩、郭文龍
版權部　　　　　　黃知涵
印務部　　　　　　江域平、黃禮賢、李孟儒

出版　　堡壘文化有限公司
發行　　遠足文化事業股份有限公司
地址　　231新北市新店區民權路108-2號9樓
電話　　02-22181417
傳真　　02-22188057
Email　service@bookrep.com.tw
郵撥帳號　19504465 遠足文化事業股份有限公司
客服專線　0800-221-029
網址　　http://www.bookrep.com.tw
法律顧問　華洋法律事務所　蘇文生律師
印製　　呈靖彩印有限公司
初版4刷　2023年4月
定價　　新臺幣480元
ISBN　　978-626-7240-27-4
EISBN　9786267240250（PDF）
EISBN　9786267240267（EPUB）
有著作權　翻印必究
特別聲明：有關本書中的言論內容，不代表本公司
/出版集團之立場與意見，文責由作者自行承擔

醫藥新聞週刊 Mnews
財團法人王德宏教授消化醫學基金會

國家圖書館出版品預行編目（CIP）資料

腸保健康好胃來：台灣消化權威林肇堂教授，許你一個順
暢人生 / 林肇堂作. -- 初版. -- 新北市：堡壘文化有限公司
出版：遠足文化事業股份有限公司發行, 2023.04
　面；　公分. --（萬象；1）
ISBN 978-626-7240-27-4（平裝）

1. CST: 消化系統　2. CST: 胃腸疾病　3. CST: 保健常識

394.5　　　　　　　　　　　　　　　　　112000809